国家出版基金项目
NATIONAL PUBLICATION FOUNDATION

水稻的故事

王加华　主编

王宇丰　著

泰山出版社·济南·

图书在版编目（CIP）数据

水稻的故事 / 王宇丰著；王加华主编. —济南：
泰山出版社，2022.8
ISBN 978-7-5519-0642-5

Ⅰ.①水…　Ⅱ.①王…②王…　Ⅲ.①水稻-文化史
-中国　Ⅳ.①S511-092

中国版本图书馆CIP数据核字（2021）第113586号

SHUIDAO DE GUSHI
水稻的故事

策　　划　胡　威
主　　编　王加华
著　　者　王宇丰
责任编辑　程　强
装帧设计　路渊源

出版发行　泰山出版社
　　社　　址　济南市泺源大街2号　邮编　250014
　　电　话　综 合 部（0531）82023579　82022566
　　　　　　出版业务部（0531）82025510　82020455
　　网　　址　www.tscbs.com
　　电子信箱　tscbs@sohu.com
印　　刷　山东通达印刷有限公司
成品尺寸　140 mm×210 mm　32开
印　　张　7.75
字　　数　150千字
版　　次　2022年8月第1版
印　　次　2022年8月第1次印刷
标准书号　ISBN 978-7-5519-0642-5
定　　价　39.00元

总序

　　人类从产生之日起就离不开食物。在还不具有生产能力的情况下，人只能利用天然的植物、动物或矿物。随着人口的增加，天然食物的不足驱使人迁移扩散，并最终走出非洲，走向世界各地。

　　在经过无数次的试错后，在一个相对稳定的空间范围内，当地的人类群体找到了若干种最合适的天然食物，主要是某些植物。后来，有人发现第二年在同一块地方会长出同样的植物；也有人发现上一年无意中掉在地下的植物颗粒长出了同样的植株，又结出了同样的颗粒。于是这群人开始有意识地保存这类植物的种子，来年种入地下，栽培成熟后收获更多种子，作为自己的食物，这样就逐渐形成栽培农业。在大致相同的地理环境中，完全可能有不同的天然植物被发现并被栽培。但随着人群间的交流和物资交换，在漫长的优胜劣汰过程中多数较差的品种被淘汰了，余下比较优良的品种为更多人群所接受，不断扩大播种范围，成为当地，甚至一个国家、一个大陆的主要粮食作物。

考古学家已经在一万多年前的遗址中发现了粮食种子，并且已证实了栽培农业的存在。原始部落或群体中出现阶层和专业分化的前提，就是有了供养这批人的粮食。政权和专职军队更需要有一大批脱离生产的人员，这些人员的存在和扩大同样取决于这个政权能生产出或筹集到充足的粮食。

从这一意义上说，人类的历史离不开粮食，人类与粮食的关系就是历史不可或缺的重要篇章。

相传夏朝建于公元前21世纪，大禹的儿子启由此变禅让为世袭，开创了中国"家天下"的局面。小麦正是4000多年前由西亚两河流域传入黄河中下游地区的，两者在时间上的重合显然绝非偶然。小麦的引种必定使夏人拥有更多优质粮食，供养更多包括军人在内的专职人员，也使掌握小麦征集和分配权的统治者拥有更大更强的权力。与本土原有作物相比，大规模引种和栽培小麦更需要组织管理，需要更多的实施管理人员，由此推动了政权的强化和行政体系的完善。

在古代的战争中，粮食与将士、武器同样重要，甚至比将士、武器更重要。断绝对方的粮食供应，或销毁对方的粮食储备，一直是克敌制胜的上策。大规模屠杀俘虏和平民，往往是战胜一方缺乏粮食的结果。汉高祖刘邦在总结他"所以有天下"的经验时，就充分肯定萧何"给馈饷，不绝粮道"的功绩。

在大规模战乱后，经常出现人口大幅度下降，甚至减少一半以上。但在冷兵器时代，战争直接致死的人数毕竟有限。而战乱造成田地荒芜、粮食减产或绝收、存粮被毁、交通断绝而无法输送、行政解体丧失赈济功能，进而导致多数人口因饥饿或营养不良而缩短寿命、丧失生育能力或死亡。

帝王在建国定都时，粮食供应总是一项重要的甚至是决定性的因素。长安最初作为首都，在抵御外敌、制约内部两方面都具有无可比拟的优势，但由于关中本地的粮食产量有限，保证粮食供应成了关键。当时粮食的主要产地在关东，运往关中最便利的途径是行船黄河和渭河，却都是溯流而上，特别是要通过黄河三门峡天险，异常艰险，代价极大。隋唐后，粮食主要产地逐渐南移至江淮之间和江南地区，而随着人口的增加，长安对粮食的需求量更大，保障粮食供应始终是朝廷的头等大事。每当关中粮食歉收，漕运量无法及时增加时，皇帝就不得不率领百官和百姓到洛阳"就食"（就地获得粮食供应）。唐朝以后，西安再也没有成为首都。五代和宋朝都把首都选在洛阳以东的开封——尽管开封在军事上的不利形势早就显现——开封与江淮间便捷的水运条件从而能保证稳定的粮食供应显然是决定因素。而元、明、清能将首都建在本地缺粮的北京，就是因为京杭大运河能够每年将数百万石粮食从江南运来。

民以食为天，"天子"自然不得不关注"食"的生产和供应。宋真宗（998—1022年在位）时福建引入早熟耐旱的"占城稻"。大中祥符五年（1012年）江淮大旱，朝廷下令从福建装

运三万石"占城稻"种分发。占城稻在江淮引种的成功,逐渐导致东南各省普遍栽种,提高了粮食的总产量,并得以供养北宋末年创纪录的1亿人口。

16世纪起传入中国的美洲粮食作物番薯(红薯)、玉米、土豆(马铃薯、洋芋)、花生,因其在南方和西南丘陵山区广泛的适应性而迅速普及,由此增产的粮食满足了日益增长的人口需求,终于在19世纪50年代达到4.3亿这个史无前例的人口高峰。但由于当时对土地的利用几近极致,连以往从未开垦的陡坡地、边坡地、山尖地、溪谷滩地都已栽种这些作物,原始植被清除殆尽,破坏了生态平衡,造成了严重的水土流失,加剧了水旱灾害。

粮食与人类和人类社会的关系如此密切,而我们对粮食的了解却相当有限。就是对几种最重要的粮食作物,我们往往也只知道它们的现状,或者我们自己的食用方式。泰山出版社有感于此,决定邀请王加华教授主编这套"粮食的故事"丛书,请相关的专家学者给大家讲讲几种主要粮食作物的前世今生。

粮食的前世比它的今生长得多,一般比人类的历史还长。它们在地球上产生,随着自然环境演化,是无数早已灭绝的同类中的幸存者。由于还没有受到人类因素的影响,更无法了解它们的具体故事,只能用古生物学、遗传学、古地理学尽可能复原这一漫长过程。

粮食的今生是在与人类发生关系以后。人们将它们栽培、驯化、移植、改良、杂交、转基因,以适应人们对它们的质和量的需要。由于它们成了人类生活的一部分，也成了人类历史的一部分，得到了人类的研究和记录，它们的故事丰富多彩，生动有趣。

　　本书就是要讲粮食前世今生的故事，希望读者朋友喜欢。

葛剑雄

2022年1月

目 录 Contents

一 粮中之王：
今天养活人口最多的粮食作物

"民以食为天，食以稻为先。"论养活人口的数量，世界上没有哪种粮食作物比得上水稻。这位"粮中之王"到底有多成功呢？

最成功的作物

水稻无疑是人类驯化最成功的作物之一。在最早诞生栽培稻的中国，就上演了一部人与稻相互拯救、协同进化的历史剧。

一种叫"普通野生稻"的毫不起眼的水草，历经万年，通过不断自我改造和提升，最终冲出重围一步步登上了粮食作物之王的宝座。水稻的发迹史的确够"励志"：水稻首先联合一众草本水生植物击败了橡子、栗子一类的木本坚果植物，取得了以弱胜强的战果；紧接着又从菱、芡、慈姑等可食水生植物中突围而出，只有浅水植物菰（其米可做雕胡饭）跟稻多战了两个回合，最后被迫以茭白的名头"改行"做了蔬菜；同时，水稻又携手黍（后来是粟、麦替下了黍）作为两大先锋，夹攻豆、麻（大部分今人只知豆是蔬菜、麻是织料，而不知它俩以前都是重要粮食作物）。这一仗令双子叶草本植物边缘化，此后粮食界成了单子叶的禾本科谷类植物的天下。早在新石器时代末期，水稻便以独特的魅力，彻底征服了长江中下游地区的人们，让他们远离了其他种种谷物而独宠自己，一日不离，为之几乎放弃了狩猎。栽培稻于距今9000年传播到淮河流域，距今8000～7000年零星出现在黄河南岸一线，距今6000～5000年已广布黄河中下游旱作区，距今4500年取代了四川盆地原有的黍和粟，距今3500年时抵达了辽东半岛。同时期北方的粟日渐强盛，统治了黄河流域和辽河流域。北方旱地农业（旱作）与南方水田农业（稻作）长期对峙的局面已然形成。后来，水稻南攻珠江流域，于是华南人丢下了芋芳，改种水稻。稻本是芋地里的杂草，后来芋反而成了稻田里的杂草。稻又与小麦联手，至迟在9世纪将北方的粟赶下了我国第一大粮食作物的宝座，从此，南稻北麦替代了南稻北粟的格局。之后无论历代王朝如何在南方"劝种麦"，并继续在北方实施"贵粟"政策，这个格局都没有改变。西南地区许多迁徙中的山地民族见到平坝民族的水稻后就像被摄走了魂，纷纷停下脚步在山腰学着种起来；16世纪后，玉米、番薯和马铃薯等美洲作物组成联军强势登陆我国，几百年间本土的旱地作物大受影响，却依旧没能撼动水稻的王位。其间，水稻还取代高山族常种的粟成为台湾

岛上最重要的粮作。20世纪至今，水稻与玉米一道远征东北，抢夺了本属高粱和大豆的地盘；水稻还进军滇西北高原，居然挺进到高海拔的青稞地旁边。

能打败上一茬水稻的只有下一茬水稻。历史上水稻王国中各色稻种你方唱罢我登场，内斗不息。新石器时代晚期种植粒型短圆的粳米在江南已成气候；宋代引进越南的占城稻后，江右地区便由粳米区变成了籼米区；明清两代的改土归流，启动了西南民族地区"糯改粘（占）"的进程，令云贵高原东缘的广大糯稻区逐渐被粘稻田包围蚕食。西双版纳糯稻区也在20世纪后半叶推广杂交粘稻后消失殆尽；台湾原为吃"在来米"的纯籼稻区，在20世纪转变成以"蓬莱米"等粳稻为主的水稻产地；同期，曾经遍布云南的红米稻也逐步被白米稻取代；20世纪60年代，矮秆稻送走了高秆稻；紧接着，20世纪70年代又掀起了杂交稻淘汰常规稻的浪潮，进入21世纪后农家稻种几乎绝迹；今天，超级稻换下普通杂交稻的运动又开始了。

水稻并不是我们这个星球上种植面积最大的粮食作物，也不是产量最多的粮食作物，但从没有哪种粮食作物像水稻这样养育了这么多人口。今天，每三个中国人当中就有两个是靠吃大米饭长大的，全国稻谷总产量约占全国粮食总产量的一半。水稻自从9世纪荣膺我国总产量最高的粮食作物以来，这项桂冠就像被稻米牢牢地黏住了，一直蝉联至今。在季风能够刮到的地方，有20多亿亚洲人从大米中获得人体所需的三分之二的卡路里和五分之一的蛋白质。如果把所有发展中国家归在一起统计，稻米提供了全部饮食中27%的能量，而小麦和玉米分别占19%和5%。如今稻米已是全球过半人口的主食，单凭这一点，中国水稻对世界的贡献就毫不亚于四大发明，更胜过出口国外只供贵族享用的丝绸和瓷器。这一连串极具分量的数字都基于水稻在粮食作物中数一数二的单产量。如果按常见的双季稻计算，年产量更属最高。据史料记载，明朝天启二年（1622年），浙江海盐的水稻亩产曾达362千克以上，同期的苏州、湖州能超400千克，这个数量在古代足以惊天地泣鬼神了。2018年，"杂交水稻之父"袁隆平的团队在河北邯郸再次刷新了自己保持的水稻亩产量世界纪录，新纪录是令人咋舌的1203.36千克！（同一地区在前一年创造的冬小麦亩产全国纪录是974.0千克。）

无穷的潜力

然而，水稻的增产潜力远未释放。不妨这样比喻：当人类初识水稻时，以为它不过是一只普通的猫，相熟后却发现它是一头豹子，等我们与它深交后才知道它竟然是一头还没发威的狮子。据理论估算，稻田的光能利用率最高可达3.8%~5.5%，而在大田生产中，即便是高产稻田的光能利用率也仅有0.5%~0.8%，目前袁隆平院士的试验田能将之提高到1.6%以上，但仍有巨大的提升空间。2020年袁隆平院士定下了两个新目标：短期内实现杂交水稻双季亩产2000千克；争取从"三分地养活一个人"变成"两分地养活一个人"。目标定得非常高，却是完全能够实现的。

实际上，水稻并非什么十全十美的作物。比如说，它属于捕获二氧化碳能力较弱的碳三植物，其光合作用的效率赶不上粟、黍、玉米和高粱等一众碳四植物。大米的蛋白质含量不如小麦和小米高。现代育种工作者对它进行矮化和多穗化处理之前，其株型也不见得有多合理。水稻还是自花授粉植物，在现代杂交技术取得突破之前，其后代的生活力不如玉米等异花授粉植物强。

水稻能建盖世之功，究其原因是其身上拥有某些非凡的优良特性。唐诗《悯农》说："春种一粒粟，秋收万颗子。"事实上，播下一粒粟能收回不到200粒。相比之下，种稻更能"耍戏法"，现代的一粒稻种能轻易变出2000多粒。"稻，水种也。""水稻"真正的奥秘还在于"水"上，因稻根有通气组织，是唯一可耐受水淹的重要粮食作物。请别小瞧稻田的蓄水层，它带来的好处有一箩筐。田间杂草中旱生的占了四分之三还多，一蓄水能淹死大部分杂草；水田的虫害较轻，田中养鱼、养鸭时更是如此；旱地里的氮元素容易挥发流失，水田则可将之溶于水中保留下来，或通过水生的蓝藻和红萍帮助固氮；蓄水后的嫌气条件（还原态）下，水田利于有机质营养的积累；灌溉用的河水或湖水本身就含有各种营养物质，能源源不断地给稻根输送养分。有了"水"这个宝贵媒介，水稻可通过管控水分来调节和保持肥力，提高对光、热、二氧化碳和养分等生长要素的利用率。现代科学已证实，湿地农业是地球上生产力最高的农业系统。不仅如此，"水如田衣"，蓄水层能令稻田维持着相对恒定的温度和湿度，不易受短暂天气变化的影响；隔着一层田水，田土没有直接裸露在外，也避免了旱地常发的大风扬尘和土壤流失；由于蓄水有稀释作用，水稻的抗盐碱能力要强过大多数旱地作物；流动的田水能不断带走土壤中多余的无机盐，这样稻田即使栽种了几百乃至上千年，也不会像旱地那样盐碱化。这样一来，水稻栽培便能保持相当稳定的产量，从而造就了一种可以留传千秋万代的永续农业。

水稻是可塑的、善变的多型性植物，整个家族可以耐深水、干旱、炎热或寒凉等各种极端条件。"稻，无所缘。"这种万金油一般的作物还真不娇气，几乎任何土质——盐碱地或酸性土壤——它都能生长，故而可以培育出种在滩涂上的"海水稻"（耐盐碱）和种在山林间的"密林稻"（耐烂锈）。稻的家族在生态类型上拥有"五朵金花"，依次是随水位涨高而长高永远淹不死的浮稻、茎长可达数米的深水稻、普通灌溉稻、不用灌溉的雨育稻、可在旱地生长的陆稻，它们的生育期横跨范围从60天到200天；又可分早稻、中稻和晚稻三兄弟，它们能分别应对各种生态环境和气候条件。稻的形态多样，从匍匐在地到高达2.2米，在"巨人稻"下是可以站着乘凉的。显然，这为水稻育种和推广提供了非常广阔的空间。水稻原产于热带和亚热带，北方的朋友一说起水稻，可能马上就联想到江南水

乡的千重稻浪。然而，今天水稻适应性强的一面已充分发挥了出来，其分布范围从海滨到高原，从赤道热带到寒温带，已不可同日而语。据统计，全世界有122个国家种植水稻，33个国家的主食是稻米，南极洲之外的所有大洲都能见到它的身影，全球十大水稻生产国依次是中国、印度、印度尼西亚、孟加拉国、越南、泰国、缅甸、菲律宾、巴西和日本。1969年青海省民和县引种水稻成功，至此，我国所有省、自治区、直辖市都种上了水稻，其中湖南、江西、黑龙江、湖北、四川、江苏、安徽、广东和广西等是水稻主产区。云南宁蒗和维西把水稻种上了海拔2700米的高原，黑龙江呼玛则把水稻种植推到了北纬52°，那里的最低气温已是零下50摄氏度。

农业之始：我国最早栽培的粮谷作物

　　世界三大作物起源中心的人们不约而同地将禾本科谷类植物纳入了视野，西亚人盯紧了大小麦，中国人看上了黍、粟和水稻，中美洲印第安人瞄准了玉米。其中，唯独中国南方人选择了一种水生禾——水稻。我们知道，发明农业是人类史上继造石器和用火之后的又一大革命，可是这场革命远非一蹴而就的，从采集野生稻到收割农家稻，历经了数千个春秋。

稻作之根在中国

　　中国是举世公认的稻作起源地，可在20世纪80年代以前，西方作物史学界盛行的却是由植物学家及农学家提出的稻作印度起源说。此说首先由瑞士人德康多尔在19世纪末发表，得到了苏联学者瓦维洛夫的附和及宣扬。之后，渡部忠世等日本学者又提出"印度阿萨姆—中国云南"起源论，兼顾中印及东南亚山地，此说也曾风靡一时。国外学者都被野生稻繁茂的亚洲热带地区吸引过去了，而忽视了亚洲的亚热带地区，对中国大陆更是缺乏接触和了解。最先站出来反驳的中国学者是我国现代稻作科学研究的奠基人——丁颖，他搜集了大量国内的野生稻材料和历史文献，力主栽培稻原产于中国。几乎同期，另一位稻作学家周拾禄主张粳稻起源于中国。另外，水稻遗传多样性中心的考察和历史语言学的分析得出的证据都将栽培稻故乡指向了我国南方，可惜这些只能算外围证据，并无一锤定音的说服力。

后来好在有考古铁证为我国正名。考古学能提供实物并确定年代，是辨别历史记载和学说真伪的试金石，所以人们诙谐地说："考古学家一出手，历史学家就发抖。"继浙江余姚河姆渡遗址（距今约7000年）的稻穗轰动世界之后，1988年在湖南澧县彭头山，1991年在河南舞阳贾湖，1993年在湖南道县玉蟾岩，1995年在湖南澧县八十垱、江西万年仙人洞与吊桶环，1996年在广东英德牛栏洞，2000年在浙江浦江上山，2012年又在江苏泗洪顺山集先后出土了距今12000～8000年的栽培稻遗存。一两个考古发现会有偶然性，一连串考古发现则不得不令国际学术圈重视起来。再看南边，印度北方邦时间最早的两个稻作遗址历史不超过4500年，东南亚最古老的稻谷遗存出土于泰国北部，也不会早于5600年前，都还不到我国稻作史时长的一半。

20世纪末主要是考古学家们在粉碎那些偏颇的假说，进入新世纪后，分子遗传学家也站出来发出了无可辩驳的声音。

2011年，美国四所大学合作开展了一项大规模的水稻DNA基因片段研究，通过先进的计算分析，同样证实了栽培稻起源于近一万年前的长江流域，并且确认水稻只在中国南方驯化过一次。单次驯化的定论推翻了粳稻和籼稻由不同祖先分别驯化而来的猜测，意味着中国是栽培稻的唯一起源地。再结合国内学者的已有研究成果，稻作起源和传播的图景也得以清晰浮现。原来，野生稻最早在我国南岭—武夷山一线的山地被初步驯化成粳稻，随即向北扩散到长江中下游平原低地，那些在水稻生长北缘地带讨生活的人把水稻当宝贝，继续改良并大力扩种了这种谷物，稻作技术日渐成熟后又继续朝秦岭、淮河以北推进。稻作经我国的山东、辽东和朝鲜半岛一站站接力，于公元前4世纪登陆日本九州岛。粳稻南传也没有人们想象得那样顺利，因为生活在热带的族群食物丰富且采获简易，终年不愁吃，他们对种稻实在没有什么兴趣。栽培稻分两路分别传向我国西南地区和东南亚，直到约4000年前传入印度恒河流域，粳稻与当地的野生稻发生杂交而产生了籼稻，令栽培稻拥有了更为高产和抗逆的特性。这项研究相当于做了亲子鉴定，结论是非常科学和可靠的。至此，稻作起源之争终于尘埃落定，中国起源说实至名归。

不过，我们这方水土能成功栽培水稻可不是理所当然的事，它是在相当特殊的条件下实现的。我国宜稻地域特别广阔，大部位于北纬20°～33°之间，这里的人们不仅能饭稻还可以羹鱼。放眼全球，这条地带只有中国南方在敞开怀抱欢迎水稻，世界上同纬度的其他陆地几乎全被沙漠吞噬，旱地作物都长不了，更别提水稻了。实际上，全世界存在两种栽培稻，一是中国驯化出的亚洲栽培稻，其祖先是潜力奇大的普通野生稻；二是约2000年前在撒哈拉沙漠南缘尼日尔河流域驯化的短舌野生稻，受限于天资，产量偏低，其影响范围一直没能超出西非。应该说，上天对中华大地给予了特殊眷顾，同时我们民族能慧眼识宝并且把握住了机会。

接下来我们不免要问，我国南方先民是如何发现、接受、驯化并栽培水稻的？

为什么是稻米？

人类开始吃稻米真是一个传奇。

亲缘上距我们最近的黑猩猩吃得最多的是野果、嫩叶和昆虫，偶尔也会掏鸟窝、捉狒狒，它们的日常食谱里并没有稻谷。在近300万年长的旧石器时代，古人类一直在追逐野兽和采摘野果，即使生活在遍布野生稻的地区，他们也不屑于采集这种比菱角和橡果（栎果）小得多的草籽。与始终伴随人类的食物猪肉、核桃等不同，直到17000年前，水稻才进入我们祖先的视线，成了人类有意收集的一种新食物。假如把人类的整个历史比作一天，那么我们食用稻米的历史仅仅是最后的8分钟。

人们多少有点感到意外，今天这么重要的粮食作物竟然被长期忽视。其实，水稻难入古人的视线很正常。今天的稻田留给我们的印象是万千金灿灿沉甸甸的稻穗，饱满而低垂，可野生稻与此差别巨大，从稻株到稻米都不是我们现在熟悉的样子。野生稻生长姿态变化多样，以匍匐散生为主，不一定能结籽（长出稻谷），常有靠地下根茎进行无性繁殖的情况，能越冬实现多年生长；即便结籽，也多是空瘪的秕谷，每穗的谷粒数量不到现代栽培稻的一半，产量极低；当人们想要采收这少得可怜的谷粒时，谷粒居然一碰就掉。黄熟稻穗低头弯腰的情景是看不到的，熟的稻谷早已掉光，只能采得一些还未完全成熟的稻谷；谷壳熟后极少变金黄色，多半是不好看的黑褐色；籽粒太小，两三千粒才有一两（50克）重。栽培稻可以同时集中收割，野生稻却是陆陆续续地分批成熟，必须采收很长时间才能聚拢足够量的谷粒；好不容易采集回来的稻谷还要去芒脱壳，野稻的谷芒都特别长，且壳与米结合紧密，需要先烧掉长芒，再找棒杵在石板上来回碾磨或在石窝里反复春捣；它们既不像水果那样可以生吃，也不像大块的肉那样可以架在火上直接烧烤，又不像今天的稻米那样容易烹熟，加工起来非常麻烦；这还不算，等到终于把红褐、碧绿或紫黑色的野稻米饭做好了，尝起来却粗硬得难以下咽。如果站在祖先的立场上，但凡能猎到一口兽肉或摘得一口坚果，就决不会自讨苦吃地去做这种稻米饭，更别说"粒粒皆辛苦"地挥汗栽种了。

再看一眼比水稻更易获取且更易处理的食物清单，水稻能从那一长串有力的竞争者中胜出就愈发显得不可思议了。耐贮藏的食物如橡子、栗子、松子、榛子、核桃等坚果，熟后掉落地上很易拾取。豆类植物分布广泛，适应性强，营养丰富，破荚取食也方便。同为原产自热带或亚热带的植物，芋艿和薯蓣（山药）的块茎个头大，挖出一个就能顶上万颗稻谷，可以丢进火堆，用灰埋裹，慢慢煨熟，也可穿起来烤熟。它们不但年年能收获，还能很方便地分株或分块繁殖。菰是稻的近亲，同属于禾本科稻亚科，习性与稻极为相似，菰米与野稻米在各方面都不相伯仲。薏苡和稗亦是禾本科喜湿植物，它们与稻在同一栖息环境里难解难分。禾本科还有适应力极强的穇子（龙爪粟）。水生食物中，莲藕及莲子可生食，藕不仅个大，而且几乎一年四季皆可采挖。另外，菱角、芡实、荸荠、慈姑与稻米比起来也都不会逊色。

从御寒到充饥

人稻结缘并不是一见钟情，而更像是一场马拉松式的恋爱，考古铲还有地质锤见证了这场荒远时代人稻恋的经过。让我们先把时钟回拨到18000年前，那时正处于寒冷的冰河时代，确切地说当时我国正处于大理冰期的末期。这个时期的长江沿线是野生稻生长的北缘，这里的人们既能见到水稻，又要为安全过冬发愁。在位于长江中游的湖南澧县，有个叫十里岗的地方，确切地说是澧水岸边的一座小山岗，1999年考古工作者在这里的文化层（文化层指由古人类活动留下来的痕迹、遗物和有机物堆积而成的地层，具有判定相对年代的作用）中发现了

我国最古老的水稻遗存——来自新旧石器过渡时期的稻叶上的
植硅石（植硅石是充填于高等植物细胞中坚硬耐久的二氧化硅
微体，具有区分物种和标示部位的作用）。这说明傍水而居的
人类已将水稻进行了采集利用，不过不是为了充饥，而是为了
御寒，人们在冰期气候的迫使下将稻草带回居所，或者作为燃
料，或者作为草垫。水稻从不起眼的杂草变成薪草的意义在
于，人们开始关注它、亲近它，为日后进一步认识它创造了
条件，尤其为即将揭开稻米的秘密做好了准备。十里岗遗址
及其所处的澧阳平原在稻作起源研究上扮演了举足轻重的角
色，我们在下文还会提起。

　　距今17000年是一个重要转折点，因为人类终于初尝稻米
滋味。在此之前人们只会盯住水稻的禾草部分，心里涌起的只
是温暖的感觉，之后人们才会一边肚子咕咕叫一边望着它的谷
穗。让我们把目光转向澧县往东约540千米的江西万年，当地的
吊桶环、仙人洞都是石灰岩山岭地貌，这里出土了大量水稻植
硅石与花粉。与十里岗不同的是，这些植硅石大多来自17000年
前的稻壳而非稻叶，相信这些人工集起来的稻壳是人类最早食
用稻米的证据。问题来了，人们为什么突然间要尝试陌生的食
物？我们知道饮食习惯是人类难移的本性之一，首个"吃螃
蟹"的太冒险，必须战胜对未知事物的排斥和恐惧。古气候学
家告诉我们那个时间正进入间冰期，气候渐渐变暖，野生稻生
长更繁茂了，分布范围扩大了，其中以结籽方式进行繁殖的
稻株数量也随着气温的升高而增加，稻谷比先前的冰期更常见

了。人们早已观察到鼠雀吃草籽的现象，捕获后又在鼠胃和鸟的嗉囊里见到大量的籽粒，因而知道有几种谷子是能吃的。在许多民族的稻作起源神话里，稻种是仙鼠或玄鸟带来的说法盖源于此。人类第一次试吃稻米可不是采一大堆回来煮着吃，而是在现场一颗一颗掰开生吃，从穗上摇下来带回家烹熟是后来升级版的吃法。这样吃当然不管饱，但在主吃肉食之余增添了一样新鲜的零食。没错，是零食！就如同我们路过桑林随手摘几个桑葚吃，或者路过荷塘顺便采几个莲子吃。今天我国西南地区一些少数民族仍有生吃糯谷作零嘴的习惯，也有青年男女相约去田里摘还没成熟的青稻穗吃，少男少女们会将摘下的带壳稻谷烤成香喷喷的"稴米"。

从采集到栽培

人们首尝稻米时吃的是野生稻，又过了大约五千年才开始驯化和种植它。澧县往南450千米处有另一座不能忽视的石灰岩残丘——湖南道县蛤蟆洞，外界流行的是它的雅称——玉蟾岩。20世纪90年代在此发现了四颗珍贵的古稻粒，鉴定结果表明，它们已在地下静静地躺了12000年，其中一颗被鉴定为具有人工干预痕迹的普通野生稻，其余三颗属于向栽培稻演化的过渡类型，兼具野生稻、籼稻和粳稻的特点。这说明此时对野生稻的驯化刚开始不久。前述吊桶环遗址首批带有栽培稻特征的植硅石正好也指向同一时间。如果说当零食或换口味只是玩一玩，那么种起来还天天吃就真是要当回事了，这说明稻米不再是古人类生活中可有可无的东西。是什么力量足以让古人类甘愿克服重重障碍，为的只是一口以往看不上的稻米饭？12000年前的这个关键时点到底发生了什么？

关于农业起源，学界提出了不下40种假说。先介绍饥饿驱动理论中影响较大的一个说法，它糅合了气候变化说和人口压力说。话说12900年前，北半球发生了一次彗星撞地球的灾难，同时北美洲巨湖发生溃坝，造成了长达上千年的干冷时期，这就是"新仙女木事件"。在漫长的旧石器时代，古人类原本经历过无数次地质年代级别的冷暖交替，但这一次截然不同，因为此时的人类已经品尝过稻米的滋味，野谷在人们眼中不再是普通的草籽，可谓"萧瑟秋风今又是，换了人间"。新的寒冷期导致大型动物种群数量骤减以至灭绝，所以今天我们只能在博物馆里看到猛犸象和披毛犀的骨架。一方面食物难以为继，迁徙也没有用，因为受到冲击和影响的是广大地域。另一方面也因人类的狩猎技术有了长足进步，在中石器时代发明了弓箭，驯化了猎犬，加速了巨兽的灭亡，也导致了人口的增长。中纬度地区的人们在猎获大减后饥不择食，不管水陆空，也不管大中小，把以往不喜欢吃、不经常吃甚至从来不吃的许多小动物、小草籽统统塞进了肚里，这被考古学家称为"广谱革命"。在环境资源压力的持续作用下，水生草本植物种群数量大、生长恢复快的优点凸显了出来，稻谷的地位陡升，从偶尔才捋几粒的零食一跃而成必须颗粒归仓的救荒食物。粮荒使人萌生了看护野稻丛的行为，以免动物为害；也使人养成了提前贮藏食物的习惯，以使稻种能保存到来年适合它发芽的时候。当距今约12000年气候再度转暖时，人类已改变食性一千年，早就固定成习，一部分已经接受甚至依赖新食物的人走出山林和洞穴，寻找水边台地扎下常住营寨，那里紧挨着成片的野稻、成群的鱼虾和水鸟。频繁地采集野稻谷无疑加深了人们对水稻生长习性的认识，（半）定居习惯又使得人们有机会长时间近距离观察种子发芽的现象，不再惊讶于无意撒落在住地旁的种子居然能长成新的稻株。有些谷种也许就藏在扔弃的鼠雀内脏里。以某一个或几个气候异常、食物短缺的年份为契机，为了不挨饿，人们开始有意识地预先播下稻种，并想办法让禾苗长得更好。这一影响至为深远的创举极可能出自某位富有采集经验的女性。早期储备好的谷种贮藏技术和生长知识在此刻派上了用场，主动地干预自然以求稳定供应食物的农耕终于诞生了，这就是伟大的"农业革命"。必须说明的是，这不是在讲述所有古人类都经历过的水稻故事，从薪用到食用，再到耕作和驯化，每一小步进展都需要用千年作为计时单位，时间之神就守在农业宝藏的侧畔，耐心等待着那些勇敢进取的人们前来叩门，而绝大多数狩猎民都错过了这扇将会开启人类新纪元的大门。就目前所知，只有长江中游澧阳平原上的十里岗—彭头山文化（此处的"文化"是考古学名词，指同一时代数个地点具有共同特征的一组器物及其技术）前后接力，成功地走完了上述所有环节，造就了这个传奇。文明的星星之火，不久将呈现出燎原之势。应该说，新旧两个石器时代之交，狩猎技术的改进确实带来了人口的增长。《白虎通义》说过"古之人民皆食禽兽肉，至于神农，人民众多，禽兽不足，于是神农……教民农作"。此外，饥饿驱动理论还拥有不少地质调查和考古调查方面的证据。

再来聊聊求新驱动理论。该理论注意到在农耕发明之初谷物产量只够塞人们的牙缝，数千年后米饭才担当起人们的主食，也认识到饮食不仅是一种生理行为，还是一种社会行为。这个理论中宴享说认为最初人们种稻并非为了填饱肚子，而是为了在客人面前显摆，起因于一些"不安分"的人刻意在吃喝的品种上标新立异。在远离水稻核心分布区的边缘地带，稻米是珍稀物产，被用来款待尊贵的来宾，能激发人们培植水稻的动力，栽培普及后，水稻便由奢侈品降格为日用品，这时主人会转而借助别人弄不到的山珍海味来继续显示自己的能耐。基于同样的心态，要是能在"夸富宴"（人类学名词）上突然拎出一壶米酒来，那可是很拉风的事！因为别人从没喝过这么甜美还会醉人的"好水"，即便有人喝过，那也是许多年才能尝到一回的琼浆玉液。饮稻米酒转眼就成了新石器时代早期社会人们纷纷效仿的时尚，这也促进了水稻的栽培和迅速传播。还有一种情形，古人类产生宗教后，祭司需要进入一种兴奋恍惚的反常状态，也需要一类能在祭仪中敬献神灵的稀见食物。那靠什么媒介物能快速进入神秘状态，又用什么作为神圣的标志或引得神灵注意呢？稻米恰好能满足这方面的文化需求，因为它不仅能造酒，还能被做成香气扑鼻的熟米饭——自然界中并不存在的一种稀奇物。如前所述，这团米饭的准备和制作过程十分繁复，需要一个虔诚乃至狂热的人历经千辛万苦，这是一种修道也是一种仪式（后面第六章还会提）。还有人说，耕种就是为了对结籽快、生殖力强的禾本科植物表示崇敬。此即宗教说。求新驱动理论能解释为什么远古的稻种大多是适宜酿酒且黏软的糯稻，这得到华南一些山地民族种稻专为酿酒的事实印证，也得到新石器时代陶罐中米酒残迹的支持。一些专家主张种稻是为了用禾草喂养牲畜，用谷米作饵诱捕禽鸟；一些学者猜测种稻不过是发端于个人对生命现象或外来品种的好奇和着迷，与今人种花、养宠物没太大分别，因为饥荒临头时再忙着发明农业根本来不及；另有学者留意到最早的农田多在交通便利之地，这里的人见多识广，心生物欲，想培育出一种本地特有的物产（也许是酒）来交换远方的珍异；还有人猜测种稻是因为当时妇女想为断奶后的幼儿准备些易消化的米糊，以使哺乳期变短的族群更快更多地生娃。关于古人类为何种稻的各种猜想和假设，不一而足。

目前最常见的说法是，古人类最初纯粹因追求新异而主动驯化野稻，之后又因人口膨胀被迫扩大栽培。还可进一步推测，稻作起源仅受求新驱动，但粟、麦起源却多半受到了饥饿驱动。

聊完各种假说，我们再来聊聊新石器时代陶器的发明与稻作起源的关系。回到食物正在多样化的古人类，为了适应新的谋食方式，他们开始改进石器工艺，制作了大量用于猎取和加工小型动物的细小石器（可能有一部分小石刀也用于收割谷穗）。这是因为定居之后，人们有充足的时间磨制能反复使用的精致石器，粗笨的打制石器逐渐被淘汰，这就是所谓的"新石器革命"，人类迈进了新石器时代。贮藏食物的器具和腌制食物的技术也于同期应运而生。磨制石器、出现农业和发明陶器并称为新石器时代的三大特征，三者息息相关。人类烧陶改变了陶土的化学构造，创造出了一种自然界不存在的全新物质，如果只有神能创造出新东西来，那么掌握了制陶技术第一次令人类拥有了造物主似的些许神性。表面上看陶器跟稼穑扯不上关系，但实际上没有采集就没有陶器的发明，而没有陶器就没有农业的壮大。最早的陶器完全是为谷物服务的。古人类刚开始采集野生稻时，收下的稻谷不知往哪儿搁，当时的人工容器只有篮子，可编织的篮子缝眼太大，装盛坚果、野菜还行，存放细小的谷粒则会漏掉。于是有人想到在篮子上糊上一层泥巴堵住缝隙。不过这种泥糊的篮子并不耐用，需要不时重涂新泥，直到有一天偶然放在火堆旁的泥篮被烤硬实了，人们才受到启发试着烧出坚硬耐用的陶器，那时在陶土中还要特意掺入稻壳及稻草。发明陶器之前，人们想吃上熟的谷米和螺肉要大费周章，这些小颗粒的食物无法架在火上，也不能埋在灰里，只能找块薄石板隔火炙熟，或挖个地坑倒满水再不停丢进烧红的石头间接烫熟。古人类很快就欣喜地发现陶罐可以熬米粥、煮螺蚌。紧接着更神奇的事出现了，喝不完的粥过一两天会有酒味，起因是混入了人的唾液或发芽的稻米（含酵母菌）。有人说，制陶是为了盛水，可游猎的人不便携带易碎的陶罐，本就定居水边的人又没必要储水。所以说发明陶器可能不仅是为了方便喝水，更像是为了方便喝酒。距今9000年的浙江义乌桥头遗址出土了陶器，部分陶器内表面有发酵过的稻米和薏米淀粉粒，这应是迄今中国最早的酒器。新石器时代早中期，我国出土的陶器中酒器竟占了大半，盛行的饮酒风习必然刺激谷物种植的产生及兴旺。古人类创制陶器还为煮东西吃。更早出现的做竹筒饭的竹筒放不下几两米，但陶釜、陶甑能一次炊熟很多斤稻米。技术发展史告诉我们一条规律，加工潜力的提升总会推动生产能力随后跟上，因而陶器是令谷物在日后成为主食的重要推手。仙人洞和玉蟾岩两处世界最早的稻谷遗址同时又是世界最早的陶器遗址，这些绝非巧合。

从副食到主食

接下来我们要聚焦浙江，这又是一方密布重要稻作遗址的宝地，属于广义上的长江下游地区。仙人洞东偏北290千米是浙江浦江的上山遗址，在这出土了一些距今10000年上下的水稻遗存，还出土了附有水稻植硅体的石片刀、石磨盘和石磨球，以及带有稻壳印痕的陶质大口盆。考古研究就像破案，只不过需要还原的是遥远的历史真相。把这些文物串联起来，就能拼接出古人从割取稻穗到磨碎稻谷，到用稻壳掺进胎土中烧陶，最后到把稻米投进陶盆中炊熟的过程。这是一条比较完整的原始稻作农业证据链，只是缺了使用整地农具这一环，不排除存在过易朽烂的竹木耕具。考古虽未发现耕具遗存，但通过显微镜下的水稻植硅体纹饰和稻谷离层观察，可知上山古稻处于半驯化阶段，已经不那么容易落粒了。还能找到不少进步的迹象：驯化中的谷粒长宽比变小，要采收的稻谷变多了，上山先民觉得用手捋稻穗太疼太慢，改成了用石刀割穗；木屋柱洞和环壕遗迹的发现表明上山人已经建村定居了。由于稻作，人们告别了"冬穴夏巢"，住进了干栏建筑。如果不是稻米引诱人们早早地走出山洞扎根旷野，人类不知还要在阴暗的洞穴里住上多少年。

距今8000年，地球步入了一个持续两千年的暖湿期（大西洋期），也进入了稻作农业发展的春天。其后的稻作遗址不再是寥落三两处，而是在神州南北遍地开花，单说水田，湖南澧县城头山、江苏苏州草鞋山和绰墩、江苏泗洪韩井、浙江余姚施岙和田螺山等多处都发现了距今8000~6000年的古稻田。但最大名鼎鼎的遗址要数上山往东约140千米的余姚河姆渡，其内容之丰富罕有其匹。必须提及距今7000年的混杂有稻谷、稻壳、稻秆和稻叶的堆积层，平均0.3~0.4米厚，总量近120吨。这些难辨籼粳的稻谷都是栽培稻，已基本解决成熟时落粒的问题，这从一件黑陶盆外壁刻画的成束低垂稻穗上可以看到。在一件陶釜的底上还残留着一块锅巴，它是存于今世的最早的大米饭。170多件骨耜和骨刀，以及驯养的水牛和猪，见证了当时稻作之发达。耜是起土工具，通过翻耕为禾苗创造更佳的生长条件，可谓又一项宠爱水稻的发明。虽然当时的家养水牛并不拉犁，但不排除通过让牛踩踏水田达到近似耙耖（一种农具）的效果，有人称之为"蹄耕"。1973年河姆渡一经发现就震惊了世界，一夜之间推翻了主导国际学术界近百年的稻作印度起源说，黄河流域独享中华文明摇篮之尊的日子也自那时起一去不返。然而，尽管出土了这么多的稻和稻作农具，河姆渡人却不靠米饭填饱肚子，他们吃得更多的是鹿肉、菱角、芡实和橡果。

首个将稻米作为第一食物来源的应该是6000年前长江中游的大溪文化。一千年后，长江下游以米饭为主食的良渚人已沐浴在中华文明的曙光之中。上山以北约110千米就到了距今5300～4200年的极具规模的余杭良渚遗址群。这里能见到当时的稻谷、稻田、耕种稻田的石犁和收获稻谷的石镰，还有靠巨量稻米供养劳力才修建起来的壮观古城和水坝。其中犁和镰在良渚文化的前身——崧泽文化晚期业已出现。犁显然是一种比耜更先进的整地农具，犁可以连续作业，耜要一下一下地操作。镰刀已是适应大规模采收需求的专用工具，使用的前提是稻穗同期成熟且不会掉粒。大型水利设施造就了万顷稻田，田块面积越来越大且形状越来越规则。从良渚遗址群中的莫角山和池中寺粮仓已发掘出约200吨的炭化稻米，相比早期的米粒更为饱满，粒型也更显"矮胖"，接近于我们今天的粳米。在良渚人总的膳食中，稻米约占八成，偶尔弯弓搭箭，却是为了射杀跑到田里来糟蹋庄稼的动物。在此地，稻作农业真正取代采集狩猎成了第一产业，引领扬子江沿岸地区踏入了一个崭新的农业社会。自栽培水稻至主食稻米，这一步足足走了六七千年！

"你改造了我，我改造了你"

在这六七千年间，水稻不断被驯化，发生了全方位的脱胎换骨式的变化。

先说繁殖方式。野生稻既能种子繁殖（有性繁殖），又能宿根繁殖（无性繁殖），有着两手准备。当外在环境很适宜，比如气温足够高并且持续时间足够长时，一些野生稻会选择结籽繁衍。反之，当环境不适宜时，它们则会转向只长根茎叶的营养生长。这些野生稻类似积温（农业气象学名词）不够就不结椰果的椰子树，姑且称之为椰子型野生稻。也有些野生稻在水足肥多、气温高时，只顾生长茎叶却不想长出谷穗，即使在短日照的低纬度地区也依然如此，单靠地下的宿根年年发新芽来延续生命。只有当猝然遇到低温、干旱等恶劣条件，宿根快要撑不过去时，才开花结籽（生殖生长），靠稻谷的休眠躲过这段困难时期，避免种群覆没。这类野生稻类似竹子，我们可以称之为竹子型野生稻。因为竹子平常也不会开花，要碰到特别干旱的年份才会绽放，并赶在死亡前留下竹米。

先民在寒冷期或野生稻分布的边缘地带采集到的稻谷更可能是竹子型野生稻，在温暖期或分布核心区采集到的可能多是椰子型野生稻，与稻作起源联系更紧密的应是前者。如果人们选择分株来繁殖水稻，也就不会有日后的栽培稻了。古人类看中了稻谷，总是采集谷粒，经世世代代的人工选择后，野生稻

中具有强烈种子繁殖倾向的基因被筛出并遗传下来，无论何种
环境条件皆能结籽的栽培种最终出现。

选择结籽就会影响生长周期。水稻是一次性开花植物，即
一个生育期内只开一次花，一旦转向生殖生长就会毫无保留地
耗光自己的营养，犹如拼了老命生孩子。待开花长穗了，它的
生命也就走到了尽头，因而生长周期由多年生变成了一年生。
一年生水稻对野生稻来说是变态型，对人类却是利好。该型水
稻会集中精力早结多结稻谷，而不用将营养耗费在来年长出的
茎叶上。对于竹子型水稻自身来说，无性繁殖是首选，万不得
已才冒死开花，要靠人工干预才能迫使它们这么做。

接着说种子的落粒性。种子如有密实外壳保护，并能及时脱
离母株落入泥土，就不会被鸟雀啄到，即使被小动物吃下去也会
难消化，这是很有利于自身繁殖的。自然界中的野生稻是易脱粒
难脱壳的，古人类偏偏喜欢难脱粒易脱壳的"奇葩"谷粒。也是
经过一代代人的接力优选，古人类以水滴石穿的韧劲，将落粒性
消失、糠米易分离的稻种培育成功了。对农人来讲，让种出来的
谷粒留在穗上，一颗不漏地收回来是很要紧的事。

再说谷芒。野生稻的谷芒可以长达10多厘米，具备防鸟、
防冻的作用。长谷芒让鸟类不能直接啄到谷粒，即使能啄到，
谷芒也容易卡在喉管中无法继续吞咽，连野猪都怕碰它。天冷
时，霜露只会在谷芒上凝结，触不到谷壳，从而使谷粒免于被
冻坏。可人类嫌谷芒妨碍打谷和脱壳，所以逐代选育之下谷芒
越来越短，乃至退化成了无芒。

　　通过这类操纵生命的过程，水稻的感光性由见短日照才开花结籽到对光照时长不敏感、开花时间由迟变早、授粉力由弱变强、生育期由长变短、种子休眠期由长变短、种子发芽期由乱变齐、种子由干瘪变饱满、成熟期由乱变齐、形态由匍匐变直立……

　　新石器时代人类的不懈努力换来了符合自身需要和偏好的栽培稻种。几乎同期，在亚洲另一端，麦子也被成功驯化，从此人类生活在一个自己改良过的全新环境中，率先获得了充足而可靠的食物保障。

　　人类在改造水稻的同时，水稻也深刻地改造了人类。

　　稻米是淀粉富集的高能食物，烹熟后极易被消化。每顿都能吃上稻米，这对人体的葡萄糖消耗大户——大脑无疑是个福音。黑猩猩平均每天要花上6个小时围坐在一起啃东西，而食用米饭的人类每天只需花1个小时吃东西，这等于给牙齿放了大假。

　　种植水稻，需要长时间劳作。经常性的弯腰容易引发狩猎民众从不会患的腰椎间盘突出等疾病。此外，长时间在水田中劳动，也容易诱发关节炎。黏牙的米饭使得蛀牙开始成为人们的一种常见病。

　　稻米刚成为人类主食那会，人类的身体还没完全适应过来，曾出现营养不良和体质下降，以致最初那几代从事耕作的人的平均寿命有所减短。待到一部分人挺过了这一关，人们才发现谷米原来能延长人类的寿命，因为米粥是免于咀嚼的流质，即使老得掉光了牙还能进食。再说种地远没打猎那么危险。

　　栽培稻对人类更重大的改造体现在对人类的生活方式和社

会组织形态方面的革命。选择稻作，就是选择了安稳、富足但又辛劳的生活。水稻有根，不像非得抓回来的飞禽走兽，是便于掌控并可长期保有的"不动产"。人工栽培又令稻株集中在一起，进一步缩短了人们采获食物的时间，不过这也是以食物生产和加工的时间成倍增长为代价的。人们舍弃了上山逐鹿、下水捉鳖的游荡日子，收住自由逍遥的心性，傍着无法搬走的稻田长久地住了下来。"野"心未泯带来的失落、周边渔猎部落的群嘲，给从事稻作的人们带来了精神煎熬，除此之外，从事稻作的人们还要忍受定居点臭烘烘的畜圈和生活垃圾，以及由此引发的新疾病。传染病取代外伤成为农人的头号杀手。

但种植水稻头一回让人们有了余粮！富余的粮食犹如魔术师，能新生出当时看来无比神奇的种种事物。余粮促进了社会分工，有了专做手工的、专做法事的、专看天象的、专搞管理的等各色"吃闲饭"的人，人类的精神文明成果得以不断地被创造出来。当然，还须有威权人物，令农夫把余粮交出来，并裁判东家西家争执的长短，他们依托宗教建构了大部分的社会秩序。

野生动植物本是无主的，是大自然恩赐给所有人的，采集和狩猎的成果由氏族内部共享或见者有份。然而，想讨要到别人陶罐或葫芦中珍藏了几年的谷种就不同了，须征得种子所有者的同意才行。种稻、养猪都凝聚了个人长期而繁重的劳动，垦荒更是重体力活，如果再继续共享成果的话，恐怕就没人肯干农活了，由此人们的私有观念开始出现。"私"的偏旁用"禾"是有来历的，这个字的最初含义是禾的主人。劳动分工制和财产私有制结合又会产生横向的产品交易和纵向的阶层分化。

余粮让稻作村落全年衣食无忧，也让旁人眼红，尤其是在猎获少的季节。为保护粮食，稻作村落的人需要防范外来的袭扰，这必然会导致坚固城防的出现。稻作需要人们相互合作来治理水系和分配田水，这必然会促进大范围农业村落的联盟，类似同乡的地缘关系随之产生，这是血缘关系之外的一种新型社会关系。即使在血缘关系内部，也因老人的增多而出现了原始渔猎社会很罕见的祖孙同堂现象。主导开荒和筑城又提升了男性的社会地位，母系社会开始转向了父系社会。余粮支撑了畜牧业。"家"字是屋檐下有肥猪（"豕"）的象形，养猪是定居的明显标志，而养猪的多寡也是判断村落农业发展水平高低的重要依据。最大的余粮效应显然是可以养活更多人，添丁增口反过来又让人们更加依赖农业。无论是稻作还是旱作，世界各地的原始灌溉农业共同成就了新石器时代的"人口爆炸"。人多力量大，稻作社群兴土木的动静是越搞越大。

万年前的浙江上山人开始建木屋和环沟，形成的村落有"远古中华第一村"之誉，也奠定了日后营建村寨的基本格局。河姆渡人造出了长23米、深7米、外带前廊的轩敞木楼。这种木楼属于架空的干栏式建筑，应该是西南地区吊脚楼的鼻祖，同时又是已知的榫卯连接的最早源头。我国目前所知最古老的城池已有6000年历史，在澧阳平原的城头山，就是那个发现大片古稻田的城头山，护城河围住的城区面积超过7.6万平方米，相当于10个标准足球场大小。考古学对这类土筑城址的严谨称呼是"大型环壕聚落"。距今5000年左右的良渚古城总面积已达290多万平方米，据估算至少容纳着2万已脱离农业生产的人口。良渚古城及近郊水利工程足有1200万立方米的土方量，即使2万人全部投入建设，每年工作200天，也得要连续干5年才能完工。这是埃及胡夫金字塔之前人类建造的最大型工程。宫殿、内城和外城、浩大的公共工程、祭坛、礼器、等级分明的墓地等出现，也喻示着庞大而复杂的国家组织已现雏形，良渚社会已初具古代文明的形态。紧接着，距今4500年前后，长江中游的江汉平原稻作区出现了石家河文化城邑群，长江上游的成都平原稻作区出现了宝墩文化城邑群。农业徐徐揭开了文明的大幕。

良渚稻作文明的陨落

良渚文化是我国史前时代的发展高峰，它的辉煌灿烂归功于代表着当时先进生产力的稻作。就目前的考古发现来看，能与良渚媲美的新石器时代晚期北方大型城址只有山西襄汾的陶寺和陕西神木的石峁，后两者的年代还比前者晚了500~1000年。可惜的是，如此发达的良渚文化在距今4100年左右沉寂了，所产生的历史真空被北方的龙山文化族群和西南方的山地移民填补，继之而来的是相对落后的马桥文化，一度拾回了渔猎生计。无独有偶，创造了星罗棋布式密集城址的石家河文化也在同期没落了。

关于其突然衰亡的原因仍是个谜，此前纷纭的假说分别归结为海侵、洪水、战争、内耗、瘟疫和外来文化扩张。在良渚文化之前，钱塘江地区反复拉锯的海退海侵的确令稻作几度兴衰，难以一脉相承。4200年前再次出现了全球性的降温事件，它不仅重创了长江流域的稻作文明，还导致了埃及古王国的终结和美索不达米亚阿卡德帝国的灭亡。近年又有人进一步解释了事件中不同纬度的不同命运，认为当时西太平洋副热带高压持久偏南才是真正原因，它一方面造成长江流域和辽河流域气候恶化、灾害频发，另一方面居中的黄河流域却迎来了更适宜农耕的大好时光。还是因气候变化，西北方向骑马持戈的族群东进南下，加强了与北方原有居民的接触和交流，将青铜器、小麦、黄牛和绵羊带进中原的同时，可能也携来了原住民们不具抵抗力的新疫病，几方面叠加在一起，严重冲击了两大母亲河的原有农业文化，依赖单一作物的长江中下游原始稻作区更暴露出脆弱的一面，不久两湖地区的大城深壕和太湖周边的高台长堤俱已荒废。之前神州大地上如"满天星斗"般的众多农业文明经重新洗牌，出现了"月明星稀"的新格局，这轮明月就是一家独大的中原二里头文化。此时正值夏代，良渚已成丘墟，良渚文化在长江下游几近失传，但"良渚制式"并没有湮灭，相同样式的玉器、农具和炊具在北方的河南、山西、甘肃纷纷冒出，其中玉琮、玉璧、玉钺、石犁和陶鼎都是首次进入黄河流域。往南，良渚文化的影响波及粤北，往西则远至四川三星堆。

　　大家说到古代南北文化差异，认为有了铜后北方总是拿来铸鼎，南方则拿来铸鼓。但那是商周青铜时代，在此之前的差异是"南釜北鬲"。釜是锅的前身，万年前的江西仙人洞和吊桶环、湖南玉蟾岩、广西甑皮岩等遗址已有釜形圜底器（圜底釜）。河姆渡时代已将陶釜架在三个陶支座（以前是三块石头）上炊饭，后来釜底连上三足成了鼎。陶鼎在良渚时代得到普及。除了釜，南方还最早出现了甑。甑就是现在说的蒸笼，它须套在釜、鬲或鼎上使用。河姆渡时期的陶甑已经标准化了，稍后甑才传到中原地区，逐渐成了华夏地区通用的器具。鼎和甑都来自稻作文化区，先秦三代的整套礼器制度也分明地打上了河姆渡和良渚的烙印。从这个意义上说，良渚文明未曾陨落。

谈起甑，就涉及中西烹饪文化的差异。我国自古喜爱用甑蒸食物，先民利用蒸汽传热蒸米饭、蒸年糕，后来还蒸馒头、蒸包子，民间坚信这样做饭能保持营养还"不上火"。欧洲和中东则习惯烧烤，烤牛排、烤面包、烤蛋糕、烤饼干，少有"蒸"的概念。汉代的中原把烧饼叫作"胡饼"，新疆的烤馕显然早已受到了西亚的影响。最早发明蒸法的南方人大概率是为了炊熟不宜煮的糯米，而糯米饭是酿酒必备。另一大差别是"粒食"与否。粒食就是进食谷粒，引申为农耕生活方式。相对来说，蒸煮的方式能保持米粒的完整。古代中国人对自己"知宫居而粒食"充满自豪感，认为这是文明优越的标志，有点瞧不起游牧的戎狄，因为他们是未开化的"不粒食者"，与"不火食者"一样野蛮。西来的小麦原先也是粒食的，蒸成麦饭或煮成麦粥吃。最早的石磨盘仅能做到糠米分离，春秋战国应用石转磨（圆磨）之后才进一步将麦粒加工成面粉，实现了和西域相同的"粉食"。其实稻作区早有粉食，但无需石磨，用杵臼将熟糯米饭舂捣成饭泥，即"打糍粑"或"打糕"。米线（米粉）的历史就没那么悠久，应该是后期南下移民对北方面条的模仿。所以，中国人的粒食传统是自有的，而部分粉食习惯是外来的。

此外，陶器与筷子可能是原始年代的一对好搭档。陶釜煮粥时需要不时搅动以防烧焦变糊，古人会取一条树枝或竹棍进行搅拌，可与米一起熬的往往有野菜或螺蚌，这时要用两条细棍来夹取才行，故《礼记》上说"羹之有菜者用梜"，东汉郑玄进一步注释："梜，犹箸也。"我们现能见到的最古老的筷子并非安阳殷墟的青铜箸，而是江苏高邮龙虬庄遗址的骨箸，那是已有5000～7000年历史的21双骨筷，其旁侧就堆放着陶质的食器和大量炭化稻谷。在西方，刀叉与烤肉相配，天天要用刀具的人们不免怀有金属情结，他们更早冶炼铜铁，酷爱金银而非玉石。我们的陶器使用习惯发展下来，注定要发明出瓷器，最早的瓷器还是产自水稻之乡浙江。

北方粟作文明的兴起

原始农业时代中期，随着黄河流域生荒地的减少，黍作为更耐旱抗冻的先锋作物，其重要性下降，产量稍高的粟已上升为北方首要粮食作物。良渚时代以降，北方粟作文明后来居上，在我国农业史上独占鳌头长达三千年之久，直到唐代稻作文明复兴。

3800年前河南偃师二里头都邑的兴建是个具有象征意义的时间

节点，它标志着南方稻作文明与北方旱作文明并驾齐驱的时代结束了。粟作文明勃兴，即将在黄河流域掀开壮丽辉煌的新篇章。

拥有文字、国家、城市、金属工具，是人类踏入文明社会的重要标志。我国北方诞生了东亚地区有文字记载的最早的广域王权国家——夏。夏朝建造了石峁、二里头这类规模宏大的王城，也比南方更早地进入了青铜时代。必须特别指出，是黄河流域的粟作文明创造了我国最早的文字——不管是尚有异议的陶器刻符还是已臻成熟的甲骨文。虽然在良渚的庄桥坟遗址发现了不少像图画又像徽记的刻痕，但要说是文字尚有点牵强。粟作文明仅仅创制文字这一项，其光芒就已盖过南方稻作文明。创制文字可是"天雨粟、鬼夜哭"的事件。瞧，《淮南子》说下的是粟雨，而不是稻雨。

文以载道，文字保证了文化的统一、积累和进步。有了定格记忆的文字，知识和信息才能不走样地一代代传承下去，这远胜口传。我们的文字是象形文字，能够消除各地方言发音差异的干扰，原原本本地播布远方，这又胜过拼音文字。文以赋权，文字能帮统治阶层掌控意识形态和建立神权道统。不止如此，文字是平台的平台，依附于书面标准的数字、法条和契约能确认粮谷和人口的数额还有权力和利益的归属。除书写体系外，北方王权的历法制度是以粟麦生长为基准的，度量衡制度也是以黍粟谷粒为基准的。这一串标准的确立能加强管治从而巩固王权，使得黄河文明获得了显著的发展优势。

那为何文字会降生在黄河流域？或许要归功于黄土。这种遍及黄土高原和华北平原的细碎、疏松、深厚又肥沃的黄土很适合农耕，用最简单的木耒、石铲就能翻土种庄稼，何况这里还是率先用上金属工具的农耕区。同时，黄河流域也有地理位置的优势，纬度居中，能同时吸收草原文化和水田文化的营养。4500年前黄土高原上出现了农牧交错带，这时黄淮地区已是历时久远的粟稻混作区。马还给黄河中下游地区驮来了遥远西域的新鲜事物，包括铜铁和麦子。加上地势平旷、树林稀疏，北方一旦决定采行农业就可以大面积铺开，能上规模的旱作社会抢先诞生出文字就顺理成章了，旱作能更早地进入精耕细作阶段也是很自然的事情。

相比之下，地广人稀的南方要么是莽莽的森林，要么是茫茫的湖泽，如果没有大量劳力并使用铁器，根本无力从黏重的土壤中开垦出大片的水稻田。况且山林中野象出没、猿猴成群，即使开出了稻田也难守住收成；开发沿泽湖滩同样困难重重，其糟糕的条件被人们视为畏途，首先要赶走凶猛的鳄鱼，有时田里的螃蟹太多，会造成"稻谷荡尽"的"蟹厄"。在医疗条件还很简陋的年代，这些劳动力不单要禁得住南方湿热瘴气的蒸郁，还要禁得住疟原虫和血吸虫的侵袭。此外，山林和沼泽中不乏现成的食物，又使得人们对待种地营生不那么专注，不像大平原上的农人有着排除万难将农耕进行到底的决心。因此，初期的南方稻作社会并没有处理复杂信息、提高组织效率的迫切需要。也许是气候条件更佳，长江流域满足于物候定农时，始终未能跨出天象定农时这一步，以致于妨碍了造字。还有一个重要因素，长江以南大部分地区处于"无君"状态，仅有的少数王权可辐射的地域范围受到地理条件的制约，始终没能跨越产生造字需要的社会规模门槛。

中华文明的育成

目前的考古发现表明，水稻是我国首个大宗作物，种植时间要比旱地作物早得多。杂谷不计，现今所见最早的实物粟遗存是8000年前的，实物黍遗存是7000多年前的，比玉蟾岩的古稻谷晚了四五千年。北京东胡林遗址的具有驯化特征的小米淀粉粒虽有近万年的历史，仍比玉蟾岩迟了两千年。我们不免猜测，这几千年中可以发生很多事，譬如借助交流和迁徙，稻作向北传播，距今9000～7800年的河南舞阳贾湖遗址就是明证，那时的贾湖只见稻不见粟。稻和麦几乎同时被驯化成功是石破天惊的大发明，具有无穷的榜样力量，但麦作远在西亚，稻作近在咫尺。是否有这种可能：稻的驯化成功启发了华北地区的人们，在不能种稻的地方找到同样能结草籽的野糜子（黍的祖先）、狗尾草（粟的祖先）尝试驯化，至少也是加快了北方黍和粟的驯化，黄河文明之花开始孕育。是否因为抵不住米酒诱惑而去搜罗本地的可酿谷物尚可争论，但新石器时代的豫中确实存在一条横线，自贾湖以南酿大米酒喝，自裴李岗以北酿小米酒喝。《诗经》也说"多黍多稌……为酒为醴"，黍与稌（糯稻）是齐名的酿酒好原料。距今6000年始，长江流域的发达地区由耜耕升级为犁耕，铚刀也换成了镰刀。就在这时，连续两千年的暖湿期结束了，但喜爱暖湿的水稻却偏在此时逆势北上，在黄河中下游地区刮起了一阵稻作风潮，不能不说是北方族群受到了同期南方水稻栽培空前繁荣的激励。可以说，基于稻作的一些文化元素染就了中华文明的底色。这就牵出一个大课题，即当时长江稻作文明与黄河旱作文明之间到底是怎样的关系。

太古时代，全人类都靠野生动植物为生，彼此在文化上差别不大。自打有了家种家养，"讨生活"的方式开始多元化，农业民族从采集狩猎民族中分离出来，形成了自己独特的新文化。上古中国的历史，可视作粟作民族与稻作民族互动的历史，就像可以通过农耕民族与游牧民族的和战进退来看更晚的中国古代史。总的族群格局是：位居中原的华夏族是粟作民族集团，与之对垒的是两大稻作民族集团——东方的夷和南方的蛮。东夷集团都在沿海地带，夷的首领是太昊，一说是与炎黄大战的蚩尤，他们创造了山东龙山文化。殷商时与中原交往频繁的是北部的淮夷，周代时南部的于越也进入中原的视野。蛮则在中原正南方，云梦泽（今江汉平原）、洞庭湖和鄱阳湖沿岸一带，传说首领是伏羲和女娲，包括尧舜禹时期的三苗和周代的荆蛮。谁掌握了文字，谁就掌握了历史的书写。在华夏族的笔下，自己的核心活动区域——河洛地区成了最早的"中国"，以海岱为核心的黄河下游地区和以江汉为核心的长江中游地区的人们分别被写作了"东夷"和"南蛮"，其实两地都曾创造过灿烂的文化，而与中原不直接相邻的长江下游地区的辉煌更是被掩盖了。随着华夏一系势力日盛，粟作文化与稻作文化走上了汇流融合之路，吸收了众多稻作文化元素以及部分草原文化元素的粟作文化成了正统，一体而多元的中华文化呼之欲出。

后来散布南方各地的百越与东夷有渊源，他们操古越语，在语言学上划归壮侗语族。汉语中"稻""秫"两字的读音就直接源自古越语发音"Khau"（或kgou），古音又分化出k系和h系两类读音，《山海经》里"爰有膏菽、膏稻、膏黍、膏稷，百谷自生，冬夏播琴"中的"膏"是前一系列，这一系发展出"谷"字的读音；《说文解字》里"饭之美者，玄山之禾，南海之秏"中的"秏"是后一系，是"禾"字读音的源头。这就是南方的汉语方言普遍称稻为"禾"与"谷"的由来，北方汉语则借用这两个音来指代本地的粟。有人主张今天的苗族就是当年苗蛮的后裔，古苗人所操语言当属苗瑶语族，该族语言称稻为"na"（或ne），与百越诸族对稻田的发音一致，似乎在暗示着某种联系。

南北方在气候水土上的诸多差异，决定了中华农耕文明在形成之初就呈现出二元互补的局面。拿储藏粮食的做法来说，南方稻作区古老的做法是在水面上搭建带顶的高脚木屋，这是"仓"字还有"京"字的原型，如此可以防火防鼠；北方旱作区则在地面下挖窖，一般口窄底阔呈袋状，也很安全。古人认为稻是不能窖藏的"水谷"，"窖埋得地气则烂败也"。客观条件使然之外，粮仓是南方干栏式居屋的延伸，粮窖是北方地穴式居屋的遗留。家畜拘养场所的不同是南巢北穴的又一体现。南方的猪养在干栏的架空层，人住楼上畜住楼下，称作"猪栏"；北方的猪养在院子一角，人住屋里畜住屋外，称作"猪圈"。如果继续玩味农人与动物的关系，就可以对春秋的"六畜"来个分类，其中猪狗鸡是一个阵营，被学者归入海洋型或农耕系列；牛羊马是另一阵营，属内陆型或游牧系列。不管是种稻还是种粟，都会喂养猪狗鸡，这是南北农家的共性，它们都是些能与农耕互补共存的杂食动物，适应了定居生活。三者都在新石器时代早中期由本土驯化，处于东亚土著文化的底层。牛羊马就不同了，这类大型草食动物需要留置草场，会与农耕争地。马、黄牛、绵羊和山羊都是原产中亚或西亚的外来畜种，新石器时代末期才来到中原。南方的水牛不过淮河，早期的南方并无黄牛。虽都役牛耕田，但南方稻田用的是水牛，北方旱地用的是黄牛。要论牛拉犁，南方的犁和牛都先于北方。考察粮谷与肉食的配搭关系也很有意义。南方稻农又被称为泽农，因为身处水产丰富的水乡，过着饭稻羹鱼的日子，最主要的肉食来源是鱼和猪。北方旱农的初始膳食结构则是旱作杂粮配猪肉，后来接受更北的游牧民族的影响，加上了羊肉。

六畜组合，"稻粱（粱即优质小米）"组合，"鲜"字里的鱼羊组合，"金玉"组合，还有综合多个图腾形象的龙出现，都可以看出南北文化的融合。在民族文化的统一过程中，鲁南、淮河两岸及陕南水旱混作区起到了独到而可贵的作用，"脚踏两只船"的地方总能闪耀出许多文化碰撞的火花。稻粟相互纠缠的过程，也就是稻作文化与粟作文化交流互动、长江文明与黄河文明走向融合的历史。我们中华文明实乃南北双亲共同哺育下的优秀成果。

登顶之路：
超越旱地粮食作物成为第一大谷物的长征

水稻自身的非凡潜力注定了它迟早会脱颖而出。良渚文明衰落之后，稻就像一匹养精蓄锐的千里马，一直在期盼伯乐的出现，它终于等到了，这位伯乐竟是种惯旱地作物的北方移民。在唐宋之交的江南，天时、地利、人和终于凑齐了，水稻这块蒙尘三千年的宝石终于镶嵌到了皇冠之上。

从"百谷"到"五谷"

农业起源和发展的历史告诉我们，新石器时代的先民极具创新进取精神，那时先民们刚开窍，在知道世界上还有农耕这条路子后特别来劲，把以往采食过的各种植物都试着拿来种植。其实不是神农一个人在尝百草、播百谷，是许多部落许多人都在做，神话传说的套路就是将集体智慧和创造归功于少数几个神身上。这一波驯化植物热潮的成果十分丰硕，堪称空前绝后。后面的历史就是大浪淘沙的过程，作物数量是越种越少，最终只剩下产量高、品质好且易栽培的若干种。我们今天仍在吃那时候的老本，身边少于4000年历史的作物和家畜种类屈指可数。人类进化至今仍保留着神农时代的食性。有的稻作起源理论认为，在采集野生稻和耕种水田两阶段之间还存在一个杂谷栽培阶段。那时的人十分"花心"，田里不止种稻，而是混播好多种粮食作物，哪种粮食有收成就吃哪种粮食，毫不介意几种食物杂在一起吃。先民的想法是，杂播习性不一的百谷才稳当，不管天上地下怎么变，总有几种收成好的，不能把所有鸡蛋放在一个篮子里。

《尚书》中提到，舜帝命令后稷去教民众适时播种"百谷"。百谷中当然有稻，《说文解字》说"百谷者，稻粱菽各二十……"那时北方的稻在百谷中是一个什么样的角色呢？《史记》记载："令益予众庶稻，可种卑湿。"意思是：大禹差遣伯益，要他分给民众稻种，可以找低洼潮湿的地方种植。这是一个知人善任的典型案例，因伯益是熟悉稻作的东夷人。由此可见，大禹治水的功劳簿上还应该补一条：他积极地寻找策略，让水涝湿地变废为宝。稻在旱作区就是一种小宗作物，种植它仅是为了利用低洼地。但4000多年前的鲁南地区很特别，主要栽水稻，粟黍很少。当春秋战国时代评选"五谷"时，著书圣贤起自西北，稻在《周礼》（麻黍稷麦菽，郑玄注）等版本中落了榜，却上了《孟子》（稻黍稷麦菽，赵岐注）和《楚辞》（稻稷麦菽麻，王逸注）的榜单。这一时段的人们常常"菽粟"连称，使用频率超过《诗经》中的"稻粱"

组合。而西汉大儒董仲舒发现《春秋》里只记述"麦禾（禾即粟）"，可见孔子在五谷之中只重视麦与粟，而不重视稻。再看远古的南方，7000多年前的河姆渡人同时种植水稻、薏苡、豆类作物，还有葫芦和甜瓜。值得注意的是，5000多年前的长江下游地区只培植水稻一种粮食作物，显得非常专一，可以说是生计模式进化上的早熟现象。现今我们讲求多吃杂粮、常换品种，但在古代单靠一种稻米就能吃饱却是风光的事，说明生活安稳富足，无需杂粮糠菜来凑补；同期长江中游地区的粮作也很纯粹，稻占绝对优势，但又受中原影响种了少量粟，不排除这些小米是买回来的外地货；成都平原因靠近西北方向的高原，黍、粟、稻皆有。近代民族志资料显示，从西藏到台湾，一些还保持着原始农业样态的南方少数民族种植着芋头、山药、稗、粟、鸭脚粟等古老作物，并采集着蕨根、葛根、天雄米（苋菜籽）、桄榔和董棕髓心等天然淀粉类食物。

先秦贵族的玉食

秦汉以前，粟已是"五谷之长"，也称"首稼"，"社稷"二字并用则指代国家，足见其地位之显要。虽说稻不居核心位置，但它的稀缺和甘美又使其成为北方的上等食物，需花费更多的劳力和水资源来换取，这也抬高了它的身价。在四五千年前的大汶口文化晚期，山东沭河上游的史前遗址已出现富人吃大米、穷人吃小米的阶层差异。

孔子曰："食夫稻，衣夫锦，于女（汝）安乎？"这是他责问弟子宰予的话。孔夫子认为做儿女的必须服孝三年，三年内应该戒除奢侈享乐，因为于心不忍。宰予说三年孝期也太久了，弄不好就会将礼、乐荒废，服孝一周年就够了，还表示居丧期间会心安理得地享受锦衣玉食。孔子听完后对宰予说，你既然这样做心安，那就去做吧。等宰予走了，孔子才对旁人说，这个学生不仁。每个人生下来三年后才能脱离父母的怀抱，难道宰予就没有三年抚爱需要报答吗？宋代周必大特别强调孔子将稻与锦并列而没有提及其他谷物，他说原因是"五谷以稻为贵"。

"长"字表达的是粟对国计民生的重要性，而"贵"字表达了稻的珍稀和尊贵。与《论语》所提"食稻衣锦"相反，《晏子春秋》中的"脱粟布被"是用以形容饭食粗粝、生活俭朴的。

《列女传》中收录了一则故事，从中能分明看出"将军稻粱，士卒菽粒"的阶层区别。故事说楚将子发攻打秦国期间，派人回国都催要军粮，顺道代其探望母亲。老人家问过来人，得知前线楚军的粮草快要断绝，士兵们只能分到些豆子充饥。而她儿子却天天鱼肉、顿顿稻粱，老人非常气愤。等到子发凯旋，想当然地以为老母亲肯定会高兴地迎他入家门，不料却吃了闭门羹。老人托人给他传话，数落他作为将帅只顾自己享乐，而不知体恤士卒疾苦，这次侥幸打了胜仗，但这样下去迟早要坏事，并拿勾践投醪的典故来教训他。最后一句话比较狠：这样的人不是我儿子，不准进我的门！本来得意扬扬的子发被迎头浇了盆冷水，终于清醒了，他赶紧向老母亲谢罪。"投醪"一事见于《吕氏春秋》，说有人送美酒给勾践，他不愿独享，与军民同享酒又不够分，就把酒倒入小河上游，让军民迎流共饮，以示与大家同甘共苦。

自《诗经》开始，稻与同为细粮的粱相提并论，一个是大米一个是小米，都是贵族们才能享用到的"嘉膳"。后世在注疏《诗经》里的"黍稷稻粱，农夫之庆"这句时，认为农夫的寻常餐食里只有黍稷没有稻粱，但在丰收的喜庆时刻，可以破例，加赐稻粱给予慰劳。在五谷中，稻、粱的地位远高于其他谷物。如果细究起来，稻又略胜粱一筹，因为根据汉律只有糯稻酿的酒才叫"上尊"，粱米酒只能叫"中尊"。然后是黍、稷，黍也可以酿美酒，只有稷才是最常吃的，黍比稷又要尊贵些。"粝而不旨"的豆、麦位于黍甚至粟之下，"麦饭豆羹"或"菽藿糟糠"并列为粗劣之食。到了汉代，麦可以粉食了，才逐渐受到重视，豆子也因可以磨成豆腐而提高了地位。

《礼记》曰："凡祭宗庙之礼⋯⋯稻曰嘉蔬。"又曰"（季秋九月）天子乃以犬尝稻，先荐寝庙""（庶民）冬荐稻"。"嘉蔬"不是指蔬菜，而是祭品。要在深秋和冬季用稻献祭，是因为稻谷恰在秋季收获。《山海经》屡次出现"糈用稌"。糈就是祭神的精米，这里指出祭神一定要用糯稻米。周代的礼制中，最高等级的"太牢"才配备稻粱，低等的"少牢"和"特牲"之祭是没有稻粱的。太牢由天子及诸侯专用，少牢对应的是大夫与士。荀子曰："先黍稷而饭稻粱。"他指出了黍稷和稻粱的区别，在宗庙祭礼上要先献上黍稷和清水，这是为了尊敬祖先不忘本（"贵本"），早年祖先就是吃这个喝这个的。接着才献上稻粱和甜酒，这是为了照顾现下的实用（"亲用"）。献祭的贵族平日习惯了吃香喝辣，已经不适应老祖宗的粗茶淡饭了。所以，前面献的都不加调料，寡淡无味，摆在那里充排场，最多尝一两口做做样子，后面上的"加馔"才是献祭者真正要大吃大喝的美味。

有人说"稻粱谋"就是找碗饭吃，但是世袭的贵族无须谋稻粱，贫苦的乡野鄙夫日夜操劳不叫谋稻粱，只有士人群体想着往高处走一展抱负才叫谋稻粱。古代诗歌中"稻粱"总是和凤凰、大雁或鸿鹄一同出现，借以抒发有志读书人"常思稻粱遇，愿栖梧桐树"的愿望。

从期思陂到都江堰

有研究论证了大禹治水的事迹主要发生在长江中游地区，相传治水成功后"雨稻三日三夜"，说明治水与水稻太有关系了。维持水田需要的水量远多于旱地，稻作农业要做大做强就离不开大型的水利工程，南方稻作区的灌溉工程建设要早于北方。在列国纷争的春秋战国时期，耕与战是那个时代的两大主题。正因为大规模农业是图强称霸的资本，各诸侯国都很重视农田水利建设，在这件事上抓得好的都成了强国。

楚国的期思陂是我国最早见于记载的灌溉工程，公元前7

世纪末由孙叔敖发起兴建，就是孟子笔下那位"举于海"的孙叔敖，他不姓孙，而是姓芈，孙叔是他的字，敖则是楚人惯用的尊称。期思陂比魏国的西门豹渠早200多年，比秦国的都江堰和郑国渠早300多年。流经河南信阳的史河是淮河南岸的最大支流，其上游出自大别山峡谷地带，涝不能排，旱不能灌，当地农民面临"大雨大灾，小雨小灾，无雨旱灾"的窘境。孙叔敖就是期思人，当时还是一介平民，他决心倾尽家财为家乡除弊兴利。于是，他号召和组织当地群众利用大别山北坡的来水"分流减势，次递疏导，安闸垒坝，筑陂筑塘，灌溉稻田"，造就了史河、灌河之间"百里不求天"的灌区。楚庄公听闻此举后，认为孙叔敖拥有济世经邦之才，国相虞丘也有意让他接替自己的职位，在任命他为官不到三个月后就升他做了楚国令尹。孙叔敖出任令尹后，又在今安徽寿县主持修建了著名的蓄水灌溉工程——安丰塘，因当时陂中有一白芍亭，又名芍陂。它周长约120里（60千米），上引龙穴山、淠河之水源，下控淠东平原，灌稻田万顷，令大别山东北也成为楚国重要的粮食生产基地，为战胜北方强大的晋国积累了雄厚的本钱。孙叔敖终成一代名相，东汉固始令段光评价他"钟天地之美，收九泽之利，以殷润国家，家富人喜"。

　　秦国的蜀郡太守李冰开建都江堰的事迹家喻户晓，不过李冰父子在岷江流域建过许多水利工程，都江堰只是最有名的那个，李冰也不是在成都地区兴修水利的第一人，在他之前早有人为修建都江堰打下了坚实的基础。《蜀王本纪》中有个传说人物，名叫鳖灵。他是楚人，有一天不小心失足落水，人们顺流而下去找他都没找到，原来他的尸身逆长江而上，一直漂到了四川的郫县（今郫都区）。有人将其打捞起来，紧接着更奇怪的事出现了，他竟然复活了。古蜀国的望帝听说有这等奇事，便差人把鳖灵叫来相见，两人谈得很投机，望帝立即让他做了蜀国的丞相。鳖灵上任后不久，蜀国暴发了一场千年一遇的特大洪水，原因是玉垒山的阻挡。鳖灵来自荆楚，知道如何治水，就带领人民在玉垒山凿开一条通路，分岷江水流入沱江，终于解除了水患。鳖灵因治水有功，受禅帝位，史称其为开明帝。传说归传说，怪诞的情节不可信，许多细节也经不起考证，但仍投射出不少背景信息，比如说开玉垒山引岷水和楚地移民势力取代古蜀国望帝政权应该是真实的。此事大约发生在公元前6世纪。

公元前4世纪魏国的西门豹做过邺县（今河北临漳）县令，他以禁绝河伯娶妻闻名，他也是兴办水利事业的功臣，带领民众开挖了十二条水渠。漳水十二渠是北方最早的大型引水项目。又过了许多年，魏襄王有一次和群臣饮酒，喝得兴起时端起了酒杯，号召大臣们向西门豹学习。史起却站出来反对，说这位前辈要么不智，要么不仁，并不足效仿，因为西门氏没能充分利用好漳水这个好资源，我们魏国给每户分地一百亩，唯独要给邺县的人民每户两百亩，就是因为那里盐碱地多、田况差。当时怼得魏王无言以对。第二天魏王召见史起，想派他去邺县实施引水大计。史起顾虑很大，说可能会招致杀身之祸，最轻也会受到凌辱，魏王答应他如果遇阻会改派别人继续完成这项事业。史起到任后立即上马引漳工程，果然不出所料，这项工程很快引发了民怨，民众一个个找上门来唾骂，他这位县令要天天躲起来不敢出门。往时西门豹也遭遇过同样的困境，人民担忧大工程劳民伤财，还告状告到了魏文侯那里。此时的史起不禁感叹：可以和普通民众一起共享事成之后的快乐，但不可以和他们共谋还没见效的事业。魏王只好另派他人接替，最终引漳工程还是竣工了。工程投入使用后，人民实实在在地得到了灌溉的巨大实惠，也很愧疚当初错怪了有远见的好官，就编了首颂扬他的民歌："邺有贤令兮为史公，决漳水兮灌邺旁，终古舄卤兮生稻粱。"西门豹和史起的水利成就都大大巩固了魏国东北边疆，有力地抵御了燕国的侵扰。

　　第一批伟大的水利工程之所以诞生在春秋战国时代，不仅有制度革新和诸侯争霸的社会背景，也是生产力发展后的必然结果。春秋时已开始使用铁器，战国时挖沟利器铁臿（锹）大为普及。此外，首批工程之伟大，还在于选址极佳，都选在了条件较好、收效显著的必修之地，先民心痒了很久，就等一把铁臿的发明和一位领袖的召唤。上述几项古老的工程直到今天依然在发挥着重要的作用，水利事业最能向我们昭示什么叫利在千秋。

诸侯争霸的资本

　　《吴越春秋》记录了一则流传甚广的吴种越粟故事。话说春秋时期，越王勾践被吴王夫差打败，他每日卧薪尝胆，准备复仇。越国大夫文种献上一条计策，让他借口缺粮向吴王讨要稻谷救急，吴王听闻越国庄稼歉收后就会心生麻痹。文种受命出使吴国借粮，在伍子胥和伯嚭两个吴臣的辩论中，吴王没有听从伍子胥的忠告，慷慨地答应借给越国万石（古代容积单位）粮食。文种一边满口应承吴王还粮的命令，一边暗自高兴，认为这是上天要弃吴的明确信号。越国把借来的吴国稻谷分发给了群臣和百姓。第二年越国的稻子熟了，越人精挑细选上佳的稻谷蒸熟以后还给吴国。吴王看到送还的稻谷这么优良饱满，感叹越地的肥沃，随即吩咐太宰伯嚭把这批稻谷作为谷种，让自己的国民播下去。蒸熟的稻谷当然不会发芽，吴国不久陷入了饥荒，国力大伤。越国趁机壮大自己并最终打败了吴国。有意思的是，越国的稻谷在《吴越春秋》中被写作了"越粟"，此处的"粟"已不是特指小米了，而是涵盖所有粮谷的总称。勾践灭吴前后还有两个涉及稻米的小插曲。一则提到一意准备复国的勾践为收买民心，平时外出总要"载稻与脂于舟以行"，意思是说船上装着稻米和肥肉，遇到国中游荡的少儿就会送上吃的喝的，并记住他们的名字。另一则提到吴王"顾得生稻而食之"，是说败走的夫差十分狼狈，狂奔三天三夜后饥渴难耐，要趴在地上喝水，找不到别的吃，只好吞食路边的野稻。

接着来看《左传》中"鄅人藉稻"的故事。春秋的鄅国是个很小的国家，在琅琊开阳（今山东临沂），国君名叫鄅子，他深知国家弱小，自己爵位又低，不敢享乐。鲁昭公十八年

（前524年）六月，郳子率队出都城，前往籍田督耕，郳国籍田
种的是稻子。籍田就是国君自己的"一亩三分地"，春耕时国
君要在这里亲执耒耜摆弄几下以示亲耕，余下的农活交给民夫
完成。周代始创的这项重农制度在整个封建时代一直沿袭了下
来，今天在北京先农坛就能看到明清两代皇帝的籍田。郳子本
想给自己的臣民做出表率，不曾想会引来邻国的偷袭。郳国西
边有个稍大点的邾国，时刻盯着郳子的行踪，正好利用这个群
龙无首的机会派兵攻打郳国国都。都城的守卫还没来得及关上
城门，就被抢先一步的邾人羊罗斩首，敌军进城抓走了郳子的
所有家眷。郳子得报后长叹一声："寡人无家可归了。"他不忍
心舍弃妻儿逃跑，决定去邾国和自家人一起坐牢。邾庄公还算
没有把事做绝，放回了郳子夫妇，但继续扣留着他们的女儿。
郳子的岳丈是发起第二次弭兵运动的宋国名臣向戌，向戌和儿
子向宁决定教训教训邾国，请求宋君发兵讨邾。第二年春，宋
军前来围攻邾国的重镇，一个月后攻破。邾国被迫归还了所有
俘虏，郳子得以复国。"既取成周之禾，将刈（割）琅邪之稻"
的后半句指的就是这个典故。

　　《战国策》里有另一则"东周欲为稻，西周不下水"的智谋
故事。此处的东周和西周并非朝代名，而是战国时期黄河边上
两个相邻的小国，本来的兄弟之邦却纷争不断。东周想要种水
稻，但是上游的西周不放水，东周很为这件事发愁。苏子（有
人说是苏秦，有人说是他的弟弟苏代）闻讯找到东周的国君，
自告奋勇地说："我请求出使西周，让他们放水，可以吗？"

东周国君答应了。苏子于是去见西周国君，又"好意"地劝说："您的主意打错了！要是现在不放水，反而会让东周更富强。如今东周的百姓都种麦子，不种其他粮食。国君您要是想害他们，不如一下子突然给他们放很多水，来毁掉他们种的麦子。放水后，东周一定会改种水稻，等到他们种上稻后再把水截停。要是这样的话，就会让东周的百姓完全仰赖西周，自然就会听命于国君您了。"西周国君被说动了，于是放水给东周。就这样，苏子得到了两边的赏金。

　　不管是称雄的大国还是图存的小国，农业都是生存和发展的国本。稻作关乎国运，《荀子》中所列的春秋五霸是齐桓公、晋文公、楚庄王、吴王阖闾和越王勾践，后面三霸都来自长江流域稻作区。战国时代诸侯小国出现了朝秦暮楚的现象，秦楚两强都是连横的对象。南方的楚国经济基础是水稻，湖南长沙春秋楚墓中已见铁锄，江西新干楚国粮仓是我国最大的战国时期粮仓遗址，仓内贮有大量粳米，《战国策》里说楚国"粟支十年"并非虚言。后期的秦也不是纯粹的旱作区，而是拥有种稻的巴蜀，即使在关中也种水稻，《诗经》里"滮池北流，浸彼稻田"中的"滮池"就在西安的西面。"楚虽三户，亡秦必楚""百二秦关终属楚"，刘邦和项羽都出生于楚国故地（今属江苏），打着楚怀王的旗号从而得到了广大稻作区人民的拥护，力量迅速壮大起来。上面的故事，分别发生在长江下游、黄河下游和黄河中游地区，稻作兴旺的长江中游自不待言，值得注意的是北方的稻作在春秋战国时期已上升为国家行为。东周欲为稻透露出国家的政策导向，鄙人籍稻更是突显出最高统治者对稻作的重视。不仅是诸侯这样做，周天子也很重视，特别设立了"稻人"一职掌管水田稻作，还配有农技员，当时叫作"司稼"。汉朝也设有专门管理垦田种稻的职位，叫"稻田使者"，是"大司农"的属官。

打基础的汉代

"楚越之地，地广人希，饭稻羹鱼，或火耕而水耨"是《史记》中描绘的西汉时南方景象，加上《后汉书》提及的"不知牛耕"，南方给我们的印象是大部分地区还未开发，农耕技术也欠发达。诚然，汉代稻谷的单产低于小麦，然而据此认为当时的稻作农业乏善可陈，就大错特错了，汉王朝有几件事在稻作史上具有里程碑意义。何以得知？史书之外，这里又有考古发现的功劳。汉代遗留下很多陶塑模型、画像砖和画像石，它们将一些农耕场景及器具直观生动地表现了出来。

先说铁犁牛耕，两者首先在春秋时期的北方出现。根据《国语》中齐相管仲所言，当时掌握冶炼生铁的技术后，"美金"和"恶金"就有了分工。这里的"美金"是指青铜，用来造刀剑；"恶金"就是铁，用来造农具，以取代木耒石铲。西汉中期开始官营冶铁，降低了铁器的价格，官方致力于新农具的生产和推广，促进了铁质农具的标准化和大众化，东南沿海、华中、华南和云贵高原都有发现汉代铁质农具，说明其已在南方各地普及开来。西汉《盐铁论》说："铁器者，农夫之死生也。"又据《汉书》记载，王莽在诏书中强调："铁，田农之本。"科技发展史一再告诉我们，一项关键技术的进步总会带动相关技术的发展。一个叫铧的部件就有7.5千克重，田地里铁疙瘩一样的重犁需要牛力的拉动。由此，东汉的官员就开始重视牛耕了。泰山太守应劭学着王莽的语气进行引申，认为"牛乃耕农之本"，将之提到了"国家之为强弱"的高度。《后汉书》里记有九真太守任延和庐江太守王景先后在南方水田区推广牛耕的事迹，收效是"岁岁开广，百姓充给""垦辟倍多，境内丰给"，而会稽太守第五伦是个保护耕牛的典范。也是自东汉起，史家开始记载牛疫。

再看水利建设。西汉时，汉武帝刘彻就是一个大兴水利并减稻田租的典范，他在关中地区一口气修了龙首渠（井渠）、六辅渠、成国渠和白渠，还营造出"用事者争言水利"的活跃氛围；王莽主政时，益州太守文齐在云南造陂池。东汉时，汝南太守邓晨复建鸿隙陂（鸿却陂），庐江太守王景修治芍陂，会稽太守马臻兴修鉴湖，广陵太守陈登修建陈公塘，同时惠及了南北方的稻田，其中绍兴的鉴湖是长江下游大型灌溉工程之始。此外，渔阳太守张堪和山阳太守秦彭也在各自辖区取得了开稻田数千顷的成绩。东汉末年夏侯惇的事迹更为动人，这位统领陈留太守和济阴太守的独眼将军，在蝗虫肆虐的大旱之年率领众将士截断河流修造太寿陂，他身先士卒带头背土，劝人改种水稻，此后"民赖其利"。

　　杨万里写了首《插秧歌》，前两句是："田夫抛秧田妇接，小儿拔秧大儿插。"插秧是稻作特有的一道工序，完整地说是先在秧田育秧，再在大田插秧。我们今天常见的这项水田劳作是汉代的发明，汉以前种稻都是大田直接播种。从直播到插秧是个大跨越，一方面无疑是技术上的显著进步，一方面技术的复杂化使得种稻不再是一件轻松的农活。汉代稻农在给耕牛套上绳索的同时，似乎也给自己套上了绳索。《四民月令》首次记述了水稻育秧移栽的技术，称其为"别稻"，作者崔寔是汉末河北人，其活动轨迹也都在北方，因此该项技术可能源自北方。不过，东汉《异物志》中的记载和同期广东佛山水田模型的塑造，又表明当时两广地区已有插秧和双季稻。一年内能种上两茬水稻在当时还是一件令人惊异的稀罕事，正是育秧移栽为大田抢得了时间，使之在亚热带地区得以实现。除了华南，四川及汉中也是水稻栽培很发达的地区，当地出土的大量汉代水田模型和农耕画像即是明证。也是在汉代，西蜀夺得了"天府之国（土）"的美称，而这个称号本是用来赞誉富饶的关中盆地旱作区的。川粤两地均在《史记》所言的楚越之外。

　　秦汉大一统的局面为农业发展提供了稳定的社会环境，大大地促进了南北方的人员往来、物资流通和文化交流，封建专制和重农政策又促进了农业基础设施的建设、农业工具的铁器化和农耕技术的标准化。秦皇汉武为两千多年的中国封建社会建章立制，农业领域也是如此，汉时栽下的几株小树苗，日后长成了荫护稻作的大树。这就是汉代南方稻作技术在总体落后的情况下能出现上述几大闪光点的历史背景。

从"五谷"到"三谷"

前面提过，春秋战国时代的"五谷"组合有好几个版本，西汉《氾胜之书》所提的"九谷"概念可以比较全面地综合这些版本，九种谷物分别是禾（粟、稷）、秫（黏稷）、稻、黍、小麦、大麦、大豆、小豆、麻。我们看到，九谷并非比五谷多出了四种，而是对稷、麦和豆进行了细分，所以并未跳出五谷的范畴。就像五根手指有长短，五谷各自的重要性是不一样的，并随时代沉浮。在唐以前，粟的"一哥"地位从未动摇过；第二梯队在战国时原本是豆、麦，汉代变成了稻、豆、麦，很快又在汉末调整为稻、麦；第三梯队的固定成员是黍和麻，当这一梯队被第二梯队甩远了，五谷组合自然就解散了。"五谷"解散后余下"三谷"。历史上并没有"三谷"的正式提法，笔者杜撰这个词是为了简练地指代全国最重要的三大粮食作物。

两汉是从"五谷"精简为"三谷"的转折期，"三谷"在汉末已成形，那就是粟、麦、稻。粟是绝对的"老大"，在称谓上，秦代和汉初的财政部部长兼农业部部长都叫"治粟内史"，汉代的粟开始独霸"谷"字，就是说，粟即谷，谷也即粟。小麦和水稻地位的提高，完全是围绕着粟这个中心而言的，即作为粟作的有益补充而非有害干扰而存在。小麦有冬小麦（宿麦）和春小麦（旋麦）两种可选，冬小麦秋种夏熟，其生长期恰好填补了一年中没有粟作的空档期，能利用粟无法生长的时间。麦苗更长的根系有助于疏松粟的短根无法伸达的较深土层，从而成为粟的理想轮种作物。西汉在粟作区种麦还为了缓解青黄不接，东汉时粟麦连作渐成固定搭配，并实现了两年三熟；水稻能生长在水涝和盐碱地带，不占用种粟的田地，也就是能利用粟无法生长的空间。除此之外，麦作的扩张还有赖于汉王朝在秦川大地推广宿麦，还有民间普及了石转磨，北方稻作的发展也受惠于汉代育秧移栽技术的出现，使得同一块大田里后造的水稻能够和前造的旱作衔接得上。

从"百谷"到"五谷"，又从"五谷"到"三谷"，人类的粮食生产越来越集中在少数几种作物上。路遥知马力，这是一个谷物自身优良特性不断展现的过程。同时，也是一个适应人类社会不断发展的过程。秦建立了我国历史上首个统一的庞大帝国，汉承秦制并加以完善，此时重点栽培两三种粮作，就不仅是方便生产管理、提高农业效率的事情了，而且是降低管治成本提高管治效率的大事。西汉时"菽粟当赋"，东汉只剩"谷（粟）"。官府只征收货币比征收谷物省事，只征收粟谷又比同时征收百谷省事，调用起来也更方便。"五"变"三"为何发生在汉代也就容易理解了。

南北分治的副产品

东汉末年至隋朝建立，中间有三个世纪处于南北分治的状态。无论是三国争霸、东晋和五胡十六国割据，还是南朝和北朝对垒，江淮地区都是分界地带，也是南北政权重兵据守的前线地带。这和今天的边疆概念很不一样，现在我们一说起边疆，头脑中闪现的是新疆、黑龙江等地，而江淮地区则是绝对的腹地。江淮之间既是军事要地，又属宜稻沃土，必然会刺激边防驻军从事屯垦。军事性质的屯田与一般的屯田不太一样，它以国家政策和财力支持作为后盾，以大批有严密组织的青壮年士兵作为劳动力，集体从事耕作，是一种十分高效且规模较大的农业模式，能促进农业技术的交流和谷种的优选。结果，300余年的连续军屯，加大了水稻在封建王朝财赋中的比例，加速了中国经济重心的南移。分裂局面造成战火经久不息，但也间接地推动了稻作的稳步发展。

三国时期开了江淮屯田之先河，当时那里是魏吴交锋的前线，人烟稀少。《三国志》里说，曹操派遣镇守合肥的扬州刺史刘馥"广屯田"，维修了安徽寿县的芍陂，又兴建了河南固始的茹陂、安徽庐江的七门堰和怀宁的吴陂（塘）等拦蓄水坝，大范围灌溉稻田。曹操还令朱光做庐江太守，"屯皖，大开稻田"。孙吴方面，吴将吕蒙深知"皖田肥美"，担忧朱光这么干，用不了几年就会手握大把钱粮，成为东吴大患。吕蒙力劝孙权尽早征讨庐江，孙权决定亲征，夺取了庐江活捉了朱光，随即任命吕蒙为庐江太守，就地屯田拒曹，除了俘虏降卒，还加赐浔阳屯田六百户和官属三十人加入屯垦队伍。不久，又"遣兵数千家，佃于江北（今安徽潜山）"。这回轮到魏国忧心了。等到秋季，魏将满宠趁着吴兵正四处割稻，派出水军顺江东下，一路上见军屯就攻，逢粮谷就烧。接下来，另一吴将诸葛恪，也就是诸葛亮的侄儿，又率军万人在庐江皖口屯田。几乎同期，魏国太傅司马懿采纳了尚书郎邓艾的建议，计划在淮南屯兵三万人"且佃且守"，每十人中八人耕田两人巡守，田地收成自给之余还可充作军资。待到司马氏取代魏主后，西晋名臣王浑守边时眼瞅着对面吴人屯垦热火朝天，自己夜里无法安睡，遂命令扬州刺史应绰率领晋军攻破各座军屯，下田踩坏稻苗，焚毁了无数孙吴的积谷和船只。庐江一带这样互有攻防、不断拉锯的状况就是三国分治期间整个江淮地区的缩影，接下来东晋的祖逖、南齐的垣崇祖、北魏的薛子虎和范绍等历代守将一再上演着同样的剧情。东吴将士"春惟知农，秋惟收稻，江渚有事，责其死效"的屯田传统早在孙坚、孙策时就有了，他们有专门称谓，叫"佃兵"或"作士"，身份世袭。到后来，屯种水稻的人来自天南海北，拉出了一支多民族的队伍。为了补足缺口极大的屯田军户，吴国在诸葛恪主持下大举围攻山越，强拉壮丁，还凭借水师优势不惜渡海远征，掳获人口的范围东至台湾岛、北抵辽东、南达海南岛。

　　分治时期北方政权的军屯稻作，重心在江淮，直到隋朝前夕芍陂、石鳖和盱眙等地仍是军垦的重点地区，却不局限于江淮，而是遍及华北。究其原因，可能有四：一是军队能集中人力迅速地修造水利设施；二是同一系统内的各地驻军存在轮流换防或其他形式的密切交流，江淮军屯的稻作经验及稻种能方便地传播到北方军屯；三是北方的水稻采取了精细管理，产量较高；四是水稻也是一种较耐盐碱的作物。《三国志》说魏将夏侯惇在河南商丘率领将士修陂种稻。前述刘馥有个儿子叫刘靖，《水经注》说他在做曹魏的镇北将军期间，督军士千人在北京地区"造戾陵堨，开车箱渠"，实行轮作种稻，离北京不远的河北涿州督亢陂一带还兼种稻粟。军屯维持了东汉初年张堪所拓展的水稻栽培北线，东汉时期气温尚属正常，而魏晋时期的平均气温比今天要低一两度，淮河会结冰，能取得如此成绩已很不易。北魏贾思勰的《齐民要术》是一本"中国古代农业百科全书"，位列我国五大古农书之首。该书中首次记述水稻的浸种催芽，首次记述稻田排水晒田对于防止倒伏、促进发根和养分吸收的作用，又记载北方稻种24个，从中可以侧面了解当时华北稻作的状况。

从火耕水耨到精耕细作

让我们将视线转回南方。两晋之交是中国历史进程的一大转折点，也为南方稻作发展打开了新的局面。稻作之所以变了，是因为种稻的人变了。

之前，孙吴政权已着手积极发展水稻农业，但稻农的主体并非汉人而是"蛮越"，耕作技术还相当粗放。当时整个南方不仅人口稀少，而且汉人比例很低，先秦时期就形成的东夷南蛮格局依然延续着。据《三国志》，东夷集团中的山越分布在今安徽、浙江、江西和福建，以皖南和苏南交界地区为活动中心，传说是越王勾践的后裔。两湖地区也有越人，两广就更多了。南蛮集团本来生活在江淮之间至长沙武陵一带，《魏书》记载其分布的北线从安徽淮南横跨河南南部直到陕西商洛。其中以龙蛇为图腾的一个支系与今天的苗族渊源深厚，以犬（盘瓠）为图腾的一个支系是现今畲族、瑶族及部分苗族的共同祖先，以白虎为图腾的一个支系则演化成了今天的土家族。

4世纪的前十年，西晋政权"三定江南"。建兴五年（317年）东晋建立时，距东吴灭国也仅有37年，接下来北方侨姓世族和本地吴姓（指东吴的吴，非指特定姓氏）世族的冲突不断，吴姓中的顾氏便是越人。晋元帝司马睿建都建康（今南京）是一件大事，这是历史上第一个迁都南方的中原王朝，由于有大批中原缙绅和士大夫相随南来，中原文明从此加速南渐，因而"晋室南渡"被称作"衣冠南渡"。其实，南渡始于十年前的永嘉元年（307年），司马睿当时还是琅琊王，在王导的建议下迁镇到建业（今南京）。这一年发生了很多事，如八王之乱刚结束、北方冒出了个鲜卑大单于等，但最大的事件还是逃避战乱的大移民，无数中原士族渡来江南仅是在东线，在西线大量汉中民众徙往四川。正是由于地近汉中和关中，不断有中原移民进入，秦汉时期的蜀地已是全国稻作技术最先进的地区之一。南宋高斯得所言"见浙人治田比蜀中尤精"已是后话。4世纪初的移民潮从根本上改变了南方尤其是江南的人口形势，用人口学的三项重要评价指标来看，一是人口数量猛增，改变了地广人稀的面貌，劳动力供给的紧张状况得到明显缓解；二是人口素质提高，汉人是有文字的族群，从农业技术角度讲，多数移民身怀更为先进的北方精耕细作技术；三是人口结构大变，汉人与其他民族人口的比例关系发生逆转，江南民众中汉人已占大多数。楚越之地原来的土著民族或者被移民同化，或者迁徙他乡：一部分漂流海外，一部分曾趁永嘉之乱北迁豫西山地，但大部分迁往西南方向。有日本学者认为307年之后与之前的江南稻作迥然不同，分别命名为"江南汉族稻作文化"和"原江南非汉族稻作文化"，又注意到原江南非汉族稻作文化与今天西南民族地区残存的稻作文化有许多共通之处（如：用铚刀而非镰刀收割，以稻穗而非稻谷入仓，不用牛耕），与日本的稻作传统也有某些类似之处。江南不仅是稻米输出地，也是稻作文化输出地，自上山遗址树立标杆以来，先后有多种稻作模式在此滥觞并传向四方。

南渡前的江南稻作是相对落后的。西晋杜预说："东南以水田为业，人无牛犊。"陆云也是西晋人，他记述当时的鄞县（今属宁波）"遏长川以为陂，燔茂草以为田"。这就是司马迁笔下的火耕水耨，在那时是通行于南方各民族的稻作技术。其特点是：以火烧草，不用牛耕；直播栽培，不用插秧；以水淹草，不用中耕。先后运用了火力和水力，这种耕法虽然单产不高，但"不烦人力"，个人劳动生产率并不低。不过随着人口不断增长，这样粗放的耕法变得难以为继。晋以后，南方的族群交流大大加强，两种农耕体系得以相互碰撞与融合，南下的汉族移民在土著耕制中加入了铁犁牛耕、育秧移栽、中耕除草、灌溉施肥等多项复杂而先进的工序及技法，江南地区率先走上了水田耕作精细化和高产化的道路。此外，南方有了国都，能出台政策组织力量兴修水利。移民多了，开始在旱地种植他们在故土常吃的麦、豆。

水稻与隋朝大运河

大业元年（605年），刚即位的隋炀帝杨广下令开凿沟通黄淮的通济渠，并在通济渠的起点洛阳兴建东都，相传是为了方便自己乘龙舟巡幸江都（今扬州，位于大运河与长江交汇点）。杨广19岁就统领大军饮马江南，年轻时代是在扬州总管任上度过的，这座繁华的大都会给他留下了太多美好的回忆，618年他也命丧于此。开通通济渠之后，杨广又连续开通北达涿郡（今北京）的永济渠和南抵余杭（今杭州）的江南河，连贯成长达2700千米的大运河，这无疑有着非同小可的战略意义。大运河直接连通位于北方的政治中心与位于南方的经济中心，实现了每年数百万石的南粮北运，方便了北方国家力量向南方的快速投送，有利于维护王朝巩固和南北统一，也成了杨广集中国力对外大举征伐的依仗。不过，要深入理解这项巨大的工程，还需要回答几个疑问。

其实，与其说杨广新修了大运河，不如说他的大部分工作是在整合和疏浚旧运河，比方说连通江淮的山阳渎就是吴王夫差修的邗沟，在春秋时就有了，通济渠的前身则是战国时的鸿沟。但为何到了隋代才将散落的各段连通扩宽，而不是更早的朝代？隋代结束了南北分治只是个表面原因，深层原因是魏晋南北朝时期的南方稻作一直在壮大，人口一直在增长，最终在隋唐导致了经济重心的南移，虽然国都仍设在北方，但不再是集政治中心和经济中心于一身，从而建设一条南北大动脉成为当时全新而急迫的需要。那为何大运河的终点选在了长江下游地区，而不是中上游的稻作区呢？东晋开始在梁、荆、扬诸州都设置了侨州郡县，分别对应长江的上中下游，说明北方移民是全线多路南迁的。其中，蜀道难于上青天，下两湖和江西须翻越桐柏山和大别山，唯有江南平原地区能和华北大平原无缝衔接，是最便利也是最重要的南迁路线，使得江南成为人口压力最大、发展稻作最积极的地方，自然地，这里也成为稻作技术进步和稻米产量提升最快的地方。洛阳到苏杭一路地形无阻碍，华东又有现成的发达水网，以平原尽头的太湖南岸作为运河终点，"漕吴而食"当然是不二选择。还有一问，既然大运河带来了这么大的优势，特别是多了南方稻米的加持，为何隋王朝又如此短命？答案已超出了稻作本身。喜爱中国历史的朋友都会注意到隋和秦的相似性，两个王朝都终结了长期分裂局面，都开创了超过500年的连续统一时期，都出野心勃勃喜欢折腾的暴君，都高调，都短命，后继的王朝还都很强盛——秦后是强汉、隋后是盛唐并非偶然，秦朝修长城和驰道、创郡县制，隋朝修运河和粮仓、创科举制，要么是超大型的公用基础设施，要么是超前卫的理性治理架构，秦和隋承担了大兴土木的沸腾民怨和制度革新的剧烈阵痛，注定了其统治不能持久，攒下的丰厚家业却被推翻自己的下一个王朝所继承和享用。

贯通的运河大大加强了朝廷对江南的控制，江南稻作区从此成了国家的财赋之地。同时，大运河大大促进了南北的文化交流，南方的稻作文化元素逐渐向北方运河沿岸地区渗透。除了有助于政治统一，这条运河还帮助我们最终在清朝中叶形成了一个全国性的市场。

从南稻北粟到南稻北麦

汉末成形的"三谷"组合一直保持到了明代，只是排序不停在变。东汉末年至唐代初年依次是粟、麦、稻；但唐朝又是一个变革期，其间水稻连升两级，唐中后期调整为稻、粟、麦；唐末或宋代，粟又被麦超过，变成了稻、麦、粟；清初，玉米和番薯更把粟赶出了前三强；今天，我国三大粮食作物依次是水稻、小麦和玉米（不含饲料玉米）。如果我们盯住其中的稻，就不难发现：自从它在汉代挤进前三以后，就再也没有离开过；自从它在唐代坐上头把交椅后，就再也没有下来过。旱作的排名走马灯似地变换，水稻却是不倒翁，而且只进不退！水稻在水田农业中的地位是旱作无法替代的，稳据南方，而北方的多种旱作之间却存在着直接竞争，首要旱作并不固定。"三谷"中的稻应该单独抽出来，两个旱作归为另一类，这样一来，中国就是南方稻作、北方旱作的农业格局。

南北朝时期诞生了《齐民要术》、麦钐（大镰刀）和水力碾磨，前者是一部伟大的农书，总结了北方日臻完善的旱地农耕技术体系，该体系的防旱保墒和精耕细作水平又上了一个新台阶，满足了冬小麦栽培对水分和耕作的高要求，后两者分别是高效的割麦工具和磨面工具，适应了麦作大发展的需要。到了唐代，北方的麦从旱地连作中的配角转成主角，确立起以冬小麦为核心的两年三熟制（如：粟—麦—豆），新石器时代就已奠定的南稻北粟格局从此改换为南稻北麦。同时，小麦又多了一个新身份，那就是在江淮和云南担当起稻的连作伴侣。唐政府为了应对当时土地兼并加剧和李翱《平赋书》所说"麦之田大计三分当其一"等新情况，于建中元年（780年）颁行了两税法，规定"征夏税无过六月，秋税无过十一月"。其中"夏税"对准的正是麦收季节，而征"秋税"恰好是粟、稻成熟时。别以为这仅仅是北方旱地作物内部的竞争更替，在南方没有对手的水稻无非是坐享其成。也是在唐代，南方水稻告别了粗放耕种，在单产上首次反超北方小麦。此时的麦虽然夺占了原本种粟的田地，但却难以撼动粟的文化地位。粟和稻共用了许多汉语古老词汇（如：米、谷、禾、秋、粢、糯、粒食），而外来的麦没有。

从粟打败黍，麦又打败粟，还有水稻超越旱地作物，当中蕴含有某种发展规律，那就是口味越来越好，单产越来越高。相应地，需要投入的水肥和劳力也越来越多，配套的管理技术越来越精细和复杂。《唐六典》中对比了种稻和种粟的用工，种稻一顷需948个工日，粟只需283个。唐宋之交也正是稻田施肥的转折点，以前只用现成的粪肥和绿肥，以后开始人工堆肥，肥料种类也越来越多。稻麦地位的上升带来了一个"副作用"，那就是史书中关于自然灾害的记录频次显著上升，无论是旱灾还是水灾。旱灾增多了不一定是气候真的变干旱了，部分原因在于麦作的需水量是粟作的一倍，田里同样这么多水，种小米能正常生长，种小麦就有旱情了。洪灾增多了也不完全是气候的原因，更有可能是人们开发稻田的风潮使更多的人口和田亩出现在水畔低地，那些地方是常发洪水的险境。

南方稻作文明的复兴

中国第一粮食作物的王位直到唐朝末年终于发生了更迭，粟下稻上。背后的原因很多，比如气候转向寒凉，南方的吴越国和闽国政局稳定，第二次移民高潮等。然而，终其一点就是旱作农业缺乏可持续性，这一点可以分两方面来说明。一方面，旱地栽培本身的特点为其日后衰落埋下了伏笔。在千百年灌溉下的旱地就像只吃不拉的神兽貔貅，水分被蒸发掉后，剩下走不掉的矿物质逐年积累，导致土地盐碱化，从而影响产量。古巴比伦旱作文明的衰亡，大部分账就要算到这上面。旱作要先砍伐森林垦出耕地，田土又长年裸露在外，结果造成黄土高原的水土流失。在水力冲刷之下，"黄河斗水，泥居其七"。河水含沙量之高在世界大河中绝无仅有，淤塞的河床造成三年两决堤、百年一改道，若以百年千年的尺度视之，黄河就如同一挺机关枪在来回扫射华北平原，成为北方人民的心腹大患。不仅如此，破坏黄土高原脆弱生态的一大恶果就是干旱问题日益严重，由汉至唐，郑白渠的灌田面积缩减了86%，所在陕西地区的旱灾频率则加密了约3倍，干旱化倒过来又会加重土地盐碱化。另一方面，就是社会动荡祸害了北方农民。北方是政治中心，是烽烟频起的逐鹿之地，大平原更利于大规模作战。铁蹄和军靴践踏之处，大量农业人口或死伤或逃亡，大量耕地水渠或破坏或荒废，这些耕地在战乱期间才有休耕喘息的机会。更可怕的是，分裂状态下的北方多次出现"战乱—农业破坏—再次战乱"的恶性循环。每当气候变得干冷，农牧分界线往南推移，华北农耕社会就不仅要面对自身的饥荒动乱，还要抵御来自北面草原的威胁，牛羊若是无足够的水草可逐，游牧民族就会大举南侵，一旦突破长城便是可以长驱直入的一马平川，轻则边地受到劫掠，重则农耕政权垮台，而游牧民族入主中原后，致使相当一部分耕地一度变作牧场，这必然会导致农业发展的停滞和倒退。魏晋南北朝时期河南、山东的气候和今天的北京一样，这段低温期恰与北方动乱期高度吻合。再看欧亚大草原的另一头，气候恶化之后，东北欧马背上的蛮族摧残了南欧的古罗马文明（也是旱作文明），有人从文化发展的角度形容这是往正在烧火升温的锅里倒凉水。可见，耕种粟麦的自然环境和社会环境都不稳定。

南方水田就不一样了。首先不用担心土地盐碱化问题，南方多雨，稻田盐分难以积聚。蓄水条件下的禾苗得以在相当恒定的农田环境中生长，因而稻田出产要比旱地稳定得多。实际上，水稻是禾谷类作物中最稳产的。湿地稻作是一种可持续的农业，对生态环境的破坏要比旱田小得多，且不需要休耕。故西晋傅玄曰："陆田者，命悬于天，人力虽修，水旱不时，则一年功弃矣。（水）田，制之由人，人力苟修，则地利可尽。"（《太平御览》）其次，与稻作区相邻的都是农耕民族，长城大漠远在千里之外，即使北骑兵临，迎接入侵者的也是无法恣意驰骋的纵横水网和绵延山区。山高皇帝远的南方罕有北方那样的大规模战争。因而稻农的头上就不存在那样一把相隔若干年就会掉下来一次的悬剑。最后，南方生业韧性十足，水田不行可以种旱地，种旱地不行可以下水捞鱼捕虾，再不行还可以进山摘果挖薯，很少出现饥荒，所以司马迁说"江淮以南，无冻饿之人"。也就是说，除了有稻作以外的生计作为补充，还有山区和水域作为退路。换作是北方遇到连年灾情，就会出现"一年而地荒，二年而民徙，三年而地与民尽矣"。

然而，仅凭水田农业的上述天然优势还远不足以挑战强悍的旱地农业。要知道，早在春秋战国时期，北方已出现精耕细作的旱作技术，在北魏之前就形成了一整套十分成熟的旱作技术体系，而同期的南方稻作还处在比较原始的"火耕水耨"阶段。秦汉以前，北方粟麦的单产是高过南方水稻的。如若没有强力的人为推动，稻超粟麦必将遥不可期。东汉末年以降，北方持续五个多世纪的乱局对农业发展有两大显著影响：一是北方旱作的相对衰落，一是南方稻作的巨大进步。两者实际上是相连的，有点像跷跷板的两端，因为南方的进步主要归功于躲避战乱的北方移民，他们身怀先进的农耕技术，奋力开发南方，让稻作技术实现了升级换代，从而唤醒了水稻这头粮食作物界的睡狮。西晋的八王之乱和永嘉之乱掀起了汉人南下的第一波高潮，东吴以来屯垦提速了，大片土地被辟为水田，江南稻米出产不断增多。《宋书》说南朝的刘宋"一岁或稔，则数郡忘饥"。南方余粮多到仓库放不下，要堆在田里。梁代则是一派"良畴美拓，畦畎相望"和"田稻丰饶"的景象。同时，野生动物的栖息地因此急剧萎缩，南朝时环太湖地区四不像（麋鹿）和鹿均已绝迹（在先秦时期，鹿肉曾是当地最重要的肉食），象群也离开此地遁入了东南丘陵。隋代在此背景下开凿了大运河，运河贯通后更加推动了水稻生产。唐代中叶长达八年的安史之乱又触发了第二波南迁大潮，成了一针迅速见效的稻作兴奋剂。以水利项目为例，南方兴修的工程数量已是北方的一倍。《新唐书》里显示，唐太宗李世民时期每年北运的南方稻米不超过20万石，平息安史之乱后才20年，北运的稻米数额猛增至295万石。江南农民就是在这一时期产生了"珍珠为宝，稻米为王"的观念。"安史之乱"后水田耕具也发生了鸟枪换炮式的革命，通过改进北方的直辕犁，专门用于江南稻田的曲辕犁在藩镇割据的晚唐诞生了，它最先应用于苏州一带，又被称作"江东犁"。这标志着北方失去了农耕技术最发达地区的桂冠，江南崛起为新的精耕细作技术发展的中心。由于轻巧的江东犁太好用，又被北方旱作区采用，开始反哺发祥地。

卫冕之路:
迎接挑战保住第一大主粮的历程

登上第一大粮食王位的稻,意味着成为民众的第一大主食和政府的第一大税源。它如同一块巨大的磁石,既引得了朝廷官员的重视,又引得了文人墨客的垂青,更吸纳了农人们前所未有的劳动力、土地、肥料和技术投入。水稻开始深度介入大众生活和国家治理,主导了最近一千年的中国社会和文明的发展进程。打江山难守江山更难,其间几度危机,水稻又是怎样跨过去的呢?

吴越国的贡献

说起偏安东南一隅的小朝廷,我们立马会想到南宋。然而,在宋之前的五代十国中,还有一个吴越国偏安东南,同样定都杭州,疆域则北抵苏州,南达福州,存续时间共72年(907—978年)。开国君主钱镠任晚唐的节度使,割据两浙,他只称王不称帝,给钱氏子孙定下了"保境安民,善事中国"的国策。吴越国是一个很特别的政权,能做到亦君亦臣。一方面，它先后尊后梁、后唐、后晋、后汉、后周和北宋等中原王朝为正朔，受其册封，向其纳贡；另一方面，它自有年号、金印和玉册，还册封新罗、渤海等名义上的藩属国。五代时北方连年战乱，政权频繁更迭，五个中原王朝的平均寿命只有10年。吴越一心追求和平与发展，维持了境内的长期繁荣稳定。其经济和文化的发展双双达到了当时的高峰。欧阳修很欣赏吴越"其民幸富足安乐"，苏轼也曾感叹吴越"其民至于老死不识兵革"。它的末代君王遵从"重民轻土"的祖训，主动来到开封纳土归宋，"愉快地"移交了权力，吴越国成为十国之中最后一个灭亡的，并且是"自取灭亡"，此时距赵匡胤立国已过去19年。

吴越的国策十分有利于江南稻作的发展。它非常重视农桑，对外除了用钱财换安宁，还广招移民，对其免收租税，吸引了不少北方流民前来开垦，"由是境内无弃田"。对内大修水利，舍得投入巨资建设塘浦圩田。吴越一边加强组织领导，在屯田区招募营田卒成立"营田军"，特地设置了"都水营田使"，统一管理治水和治田，由国君亲自兼任"营田使"，当然真正干活的是"营田副使"；成立了四路"撩浅军"（开江营），由名卿重臣管理，这支上万人的队伍专职疏浚河道和筑牢堤坝，宋朝仍保留着这个建制；还在苏州创设了"水寨军"，由水寨将军统领屯兵，担负紧急情况下防洪防潮的责任；征用民工修建了钱塘江捍海石塘等大型工程，海潮之患大为缓解，挽救了大片沃壤田地，老百姓从此呼钱镠为"海龙王"，文天祥亦称颂其"实有千万年之功德"。另一边提倡技术革新。稻作方面，江东犁这项重大革新就发生在钱镠治下，此外龙骨水车的制造技艺也大有进步；水利方面，"筑塘以石，自吴越始"，改良了版筑法，用扛得住海潮冲击的石塘代替了容易垮塌的土塘，高田和低田各有"制水之法"。宋代水利学家还在主张"仿钱氏遗法"。吴越在加固海塘和治理湖浦方面成效卓著，为湖区海边的大开发扫清了障碍，境内七里一横塘、五里一纵浦的水网系统基本成形。

东汉末年以来，江南的开发原本集中在浙江绍兴、江苏南京和丹阳一带，这几处属于浙西山地和宁镇丘陵地区，吴越国对太湖周边地区的开拓推动了江南的农业重心由山地向平原转移。吴越的一系列措施给稻作继续发展提供了安稳的社会环境和优惠的激励政策，准备了人、田、水、技术和制度，为继之而来的两宋时期的"苏湖熟，天下足"奠定了坚实基础。

宋真宗与占城稻

宋真宗赵恒留下了许多名言，"书中自有千钟粟""书中自有黄金屋""书中自有颜如玉"就是出自他之口。他不仅会写《励学篇》，而且即位之初尚能勤于政事，为农业经济的发展营造了相对宽松的环境，创造了"咸平之治"。他在位期间宋辽缔结了澶渊之盟，开了宋廷输纳岁币的先例，但也迎来了一段和平稳定的大发展时期。其治下的天禧五年（1021年）创下了524万顷的宋代年度垦田最高值。

赵恒做过一件对中国稻作发展影响深远的大事。他深知江淮地区完全开发成水田后，水资源难以保障，稍旱就会造成稻田减产，又听说福建地区有一种"耐旱、不择地、颇省民力"的神奇稻种——占城稻。"占城"即占城国（又作"占婆"或"金城"，今属越南）。沿海的福建与东南亚地区交流频繁，从占城国引进稻种的具体时间并不清楚，是外贸商人自发带回还是官方遣使携宝物远赴占城换回亦不可知，但应该可以确定闽国（909—945年）时期占城稻已在福建传播。今天我们口中所说的"粘稻"的"粘"就来自"占城稻"的"占"。

大中祥符五年（1012年），南方又旱，赵恒下诏派员去福建紧急调取了3万斛（古代容积单位）稻种，分发给江南路（今江西和皖南）、淮南路（今皖北和苏北）和两浙路（今浙江和苏南）。占城稻特性突出，耐旱兼早熟，特别适宜在地势较高的田里或雨水不足的年份种植。他既给良种，又送技术，命令转运使将种法张榜公布。不仅如此，次年真宗还将占城稻引进皇宫，种在了玉宸殿旁，该殿就是御书房，方便自己不时地和近臣一起前来观看长势，顺便作几首观稼诗。当年十月收割时，他坚持亲自到场，除了亲信大臣陪伴左右外，还召来了众位皇子和宗室一起来现场接受教育。他一边让众人体会稼穑之劳，一边语重心长地嘱咐道："农耕可念，食为民天，可不重邪？"收完后，又在安福殿设宴庆祝，饭食中少不了新收的占米。赵恒是一位很喜欢赐宴的皇帝，等到臣僚吃饱了还另赏节礼，可以带回家。他将一部分新稻赏赐给宰相，还特意让内侍

拿着谷穗在朝堂上向文武百官展示。上朝的官员们瞪大眼睛，传看中发现这种来自海外的新奇稻种果然与本地品种不同，众大臣开始品头论足，有的说占城稻的稻穗很长，有的说没有谷芒，有的说谷粒要小一点……

据《宋史》记载，宋真宗在田头的出镜率很高，不止在内苑观稼，还连年多次驾临京城南郊、玉津园和瑞圣园观看百姓种稻或割麦，每次都要题诗，以彰显自己对民生本业的无比重视。他还真不是做表面文章，每逢风雨稍大都很紧张，担忧田里的庄稼，定要叫人现摘一株禾穗过来，亲眼看过没有损伤才放心，甚至喜形于色。他试种的也不只有占城稻，还有小麦、小香稻和从印度引进的绿豆，玉宸殿种满了还要去金华殿种。真宗还真有眼光，他推广的占城稻到南宋时已遍布整个南方，长江中下游地区开始盛行两熟制，可在原先的一季粳稻（晚稻）之外再加一季占城稻（早稻），占城稻在最得势的江西占领了七成以上的稻田。江西人大概还有两湖人从此改吃占米（属籼米），所以苏轼路过赣北时吟出"吴国晚蚕初断叶，占城蚤稻欲移秧"就不奇怪了。南宋的占城稻还从华东传到了东瀛，得到了"大唐米"的称谓，在当地围海造田中脱颖而出。若无占城稻，宋代的稻田倍增、人口过亿便难以实现。虽说占城稻与宋代"田尽而地，地尽而山"的开发势头一拍即合，占城稻种遍南方应是迟早的事，可是若没有宋真宗强烈的农业忧患意识，对引种推广的敏感和执着，它的推广进程无疑不会如此顺当。中国历代封建君王无一例外都要执行重农贵粟政策，但像赵恒这般"垂意农政"的皇帝并不多见。不过，如他这般接地气的皇帝放在两宋就不稀罕了。

赵氏王朝在这方面富有传统，多个皇帝都付诸行动来警醒自己并昭告天下：农桑是第一要务，即"王政所先"。创立这项传统的是宋太祖赵匡胤，他亲赴玉津园和京城北郊观稼，频繁得难以计数；赵恒是赵匡胤的侄子，他进一步开创了在禁中内苑督种稻麦的传统。从此，宫中自有"灵苗""瑞颖"，帝王不出宫门就能与庄稼田土亲密接触，直接感受气候变化对农业的影响，以及从事稼穑的艰难。宋仁宗赵祯加盖了亲稼殿、太清楼及翠亭等好几处用于观稻的建筑，又在后苑新建宝政殿，不种花草专种粟麦。他在宫里到处种上稻麦还嫌看不过瘾，又命人在延春阁两壁上绘出农家耕织的图画，提醒自己和子孙不忘务本重农，观《耕织图》的传统也由后世帝王相沿不辍。上行下效，宋代州县衙署大门两侧的墙壁上也纷纷画上了《耕织图》。宋哲宗赵煦则把艺稻之所移到了池彩殿。南宋第一个皇帝是宋高宗赵构，身处杭州时依然清晰地记得当年汴京延春阁壁画上的内容。他命人在宫中后圃引水灌畦种水稻，还叮嘱要分作高田和低田两区。他对大臣张浚道出了这么做的苦心："朕患不知四方水旱之实。"原来他特意设立更易缺水的高田，就是为了解旱情，一旦观察到稻叶有干枯的迹象，就立即部署抗旱大事。他还在杭州南郊玉皇山下开辟了一块籍田，被老百姓称作"八卦田"。两宋时期，包括稻作在内的农业经济能取得跨越式的发展，与赵氏王朝特有而一贯的执政风格颇有几分关联。

大跃进的宋代

历史学界有种看法认为，唐宋之前与之后是很不一样的两个"中国"，即唐宋变革论。站在科技史的考察点，宋代已达至中国古代技术发展的巅峰。进一步从稻作史的角度看，唐末到两宋的确实现了大跃进。现在我们来梳理一下整个宋代的稻作发展脉络。

在吴越国励精治水的基础上，宋代接着又发起两次历史上少有的大兴水利运动。北宋熙宁二年（1069年），王安石推行变法，放出的一大招就是颁布《农田利害条约》，一时间"四方争言农田水利"。宋代拥有发达的木炭烧制业和冶铁业，在提供高效工具方面没有问题。各地无数古陂废堰复活了，浙江一地就兴修水利工程86项，比北方数省加起来还要多，江苏的范公堤和福建的木兰陂都是当时修建的著名工程，还涌现出范仲淹、叶清臣、郏亶郏侨父子、邱与权、单子发、单锷、李宏和冯智日等一大批水利专家。第二次建设高潮则发生在宋室南渡以后。北宋时浙江兴修水利工程的数量已够多的了，到了南宋时更增至逆天的185项，是北宋的一倍多。在南宋当知州知县，都要兼任"提举圩田"和"主管圩田"的职务，亲自抓水利。《宋史》称"大抵南渡后，水田之利富于中原，故水利大兴"。也就是说，自南宋开始，全国水利建设的中心已转至南方。有了治田先治水的政策，就有了听话的水。有了水，好种稻。

　　两宋之交发生了第三次人口南迁大潮，起因是岳飞《满江红·写怀》中提到的"靖康耻"（金灭北宋）。"中原士民，扶携南渡，不知其几千万人"，且"云集两浙，百倍于常"。有了人，就差田了。

　　众多移民为了在山多泽大的南方生存下来，使出了浑身解数来获得耕地，利用各种新手段，创造了圩田、梯田、涂田、沙田、架田、柜田等，稻田面积成倍扩大。拿圩田来说，它围绕沿河滨湖的低洼淤滩修筑一大圈堤岸，堤坝设闸门，堤内修沟渠，外挡洪水内造农田，有时围出的田面比堤外的水面还要低，硬是从常遭洪涝不宜农耕的地带抢出了能安稳耕种的田亩。"浙西之地低于天下，而苏湖又低于浙西。"这方面成绩最闪亮的要数太湖周边和皖南沿江地区，淳熙三年（1176年）太湖周围有圩田1498所，开禧二年（1206年）"昔之曰江、曰湖、曰草荡者，今皆田也"。绍兴鉴湖的过半水面也被盗湖为田。圩田有多大呢？范仲淹曾说："每一圩方数十里，如大城。"杨万里吟道："不知圩里田多少，直到峰根不见塍（田埂）。"涂田与海争地、沙田与江争地、架田浮于水上、柜田只是缩小版的圩田，它们都是与水争田的产物。"梯田"这个词首见于南宋，是与山争地，多数分布在福建、四川、云南、江西和湖南等地。

　　至迟到南宋时，江南地区单凭扩大水田面积来增产的日子已经一去不复返了，提高单产显得越来越重要。想靠定期休耕来培肥地力已无可能，南宋农学家陈旉及时地提出了保持"地力常新壮"之法，农学思想开始进取。我们为何吃猪肉最多？

汉族地区能开垦的土地都作了农田，圈养杂食的猪要比放养草食的羊更能配合稻田密布的村庄环境，留给牧羊的空地大幅压缩，相比唐代，宋朝的羊肉变金贵了，逐渐退出了南方人的餐桌，宋人在荤菜中主食猪肉的习惯一直延续至今。餐桌上的蔬菜也变了，北方的葵（滑菜）本号称"百菜之主"，逐渐被"不生北土"的菘（白菜）代替。一个原因是宋代人口集中在适种白菜的江南，另一个原因还与水稻有点关系，在宋朝兴起了水稻搭配冬油菜的两熟制，有了能够榨油的油菜籽，还有市场上的麻油，白菜就能通过油炒变得像葵菜那样滑腻，这才被习惯葵菜口感的北方移民接受。饮茶能在唐朝普及并在宋朝盛行，也脱不开大辟水田的时代背景，因为在山区栽培的茶树不会跟水稻争地。

虽然有了田，但其中大部分是上山下滩开辟出来的新田，相比于良田熟土要么更旱要么更涝，加上许多不够肥沃的旱地改成了水田，不一定适合原有的稻种，尤其不宜"非膏腴之田不可种"的老粳稻。在这样的情势下，宋代大力推广了占城稻，又普及了黄穋稻。占城稻很耐旱，又早熟，其"不择地而生""不问肥瘠皆可种"的优点特别适合在新开的梯田或由旱地改成的水田中种植，这些田地在以往都归作不宜种稻的"高仰之地"。占城稻的到来是中国稻作史上的大事，它是一条强悍的"过江龙"，很快打败了许多本地稻种，成为后来南方稻作的主打品种。占米、猪肉和白菜，今日中国人吃得最多的三样食物，是宋人替我们选好的。吃货们其实托了宋人的福，因为今日绝大多数的糕点小吃都能在当时苏杭的街市上见到。黄穆稻是在北魏《齐民要术》上已见其名的老品种，不怕水淹，生育期超短，能后种而先熟，非常适合在地势低洼、排涝困难的圩田和柜田栽培。难得的是，"浅浸处宜种"的黄穆稻同时还具有一定的耐旱性，"高仰处宜之"，令其适种范围相当广泛，很好地满足了当时的需要。有种观点认为，宋代人口大增主要是占城稻的功劳，可是种占城稻的梯田远不如种黄穆稻的圩田多，即便黄穆稻不是最多，至少也应该说人口大增是占城稻和黄穆稻共同的贡献。另有咸水允稻，它特别适宜在海边涂田和内陆盐碱地种植。北宋出现了专门记述水稻品种、特性及栽培的著作——《禾谱》，该书所录江西泰和一县的稻种就有46种，各地的方志中也开始大量收录水稻的地方品种，品种格局上已是籼、粳、糯稻分明，早、中、晚稻齐全。也是以宋为界，稻种分类从以往的粳、糯两分法转为籼、粳、糯三分法。

多样的稻田不仅呼唤多样的稻种，也拥抱多样的耕法和耕具。陈旉的《农书》针对早稻田、晚稻田、山区稻田和平原稻田等各类稻田提出了各自的整地标准和操作方法。理学家陆九渊也就易旱之田专门总结出"深耕易耨"的整地原则。这一时期，江东犁装上了强度更高的钢质或熟铁犁刀。用于秧田平土的工具有平板，用于大田平土的工具有田荡。岭南的水田耙和耖在宋代传入江南。仍是在宋代，人们创制了一种新的中耕除草工具——耘荡，又创制了一种专用于水稻移栽的工具——秧马，还发明了能大量提水的水转翻车和能提水上山的高转筒车，灌田效率大为提高。耕法耕具的进步还缘于提高单产、增

加复种的需要。总体上，一套适用于南方水田的"耕耙耖耘
耥"整地工具及技术已臻完善，成了常规定制，这在南宋的
《耕织图》和《农器谱》中都有体现。

　　宋人一下子发明了这么多的水田农具，是想偷懒吗？非
也，应该说宋代农夫是更勤劳了，对那些没条件开辟新田的农
人更是如此。拿施肥来说，宋代农夫为求稻田高产，已不满
足于现成的天然肥料，开始人工制作各类肥料，包括堆沤饼
肥、烧制火粪、捞挖河泥和塘泥，无一不是给自己找活干。再
从"耕—耙—耖—耘—耥"的整地工序来看，比以前更复杂
了，操作次数也多了。过往可能只需"一犁一耙"，也就是犁
一次，耙一次，接着要"两犁两耙"，后来增加到"三犁三
耙"。在不断精细化的节奏下，稻农辛苦，耕牛也跟着受累。
南宋的陆游在浙江绍兴作有《农家叹》："牛领疮见骨，叱叱
犹夜耕。"牛脖子都勒成这样了，非但没有工伤假，还得忍痛
加夜班。同时代的杨万里在江苏常州也叹道："大田耕尽却耕
山，黄牛从此何时闲！"

　　政策、水、人、田、种、技术和工具皆已齐备，稻作想不
兴旺都难。两宋太湖地区及宁波一带的稻谷亩产量攀升至260千
克以上，相比唐代有了大幅提高。水稻种植范围已遍布全国，
最重要的产稻区在两浙、江西和两淮。据《宋会要辑稿》所
载，早在北宋至和元年（1056年）"江淮民田，十分之中八九
种稻"。其后种水稻为生的"低田之民"越来越多。北宋的江
西每年输出漕粮120万石，到南宋时已达200万石。南宋吴曾在

《能改斋漫录》中说："本朝东南岁漕米六百万石，以此知本朝取米于东南者为多。然以今日计，诸路共六百万石。而江西居三分之一，则江西所出为尤多。"贡献漕粮最多的还是两浙路。苏州一州，北宋初年有170万亩农田，每年税米仅18万石，至元丰三年（1080年）增至35万石，至元符二年（1099年）又增至60万石，南宋末年田亩数已达570万亩（一说700万亩）。不仅"四郊无旷土，随高下悉为田"，而且"（天下）水田之美无过于苏州"。苏州代表着江南稻作的最高水平，一些发达国家要迟至20世纪后半叶才追上苏州当年的水平。南宋时期，环太湖地区作为国家粮仓的民间谚语已广为流传。陆游在《渭南文集》中引的是"苏（苏州）常（常州）熟，天下足"，同时评价苏州为"东南根柢"；范成大在《吴郡志》里引的则是"苏湖（湖州）熟，天下足"；后来还有人说"苏松（松江）熟，天下足"。无论哪个版本，当中必有贮米量占了两浙路一半的苏州。

宋代前期，北方稻作也得到了显著提振，这又和宋太祖赵匡胤下达的江北诸州"就水广种粳稻，并免其租"的训令有关，目的是"种谷必杂五种，以防灾害"。河南汝州一带设有"稻田务"，即管理官稻田的机构；河北靠近宋辽边境，挖渠种稻一箭三雕，既能就近解决边防驻军的军粮，又能引水改良盐碱地，还能阻滞辽国军马的南侵，而且田水"深不可舟行，浅不可徒步"。

要是说宋廷的政策一直都对稻作很友好，这并非历史的全貌。实际上,水稻在两宋两次遭遇了来自其他谷物的挑战。第一次是在北宋初年,赵匡胤下诏命令南方多种粟、麦、黍、豆等粮食,目的是分摊单栽一种粮食作物的风险;第二次是在南宋初年,跟随宋室南渡的汹涌人潮喜吃面食,导致江南麦价大涨,以至"农获其利,倍于种稻"。官府有意鼓励麦作,规定佃户种麦可以免交春课,麦收全归自己所有。这些政令除了推进了稻麦轮作制,似乎对稻作影响不大。看来水旱界限难以逾越,结果是陆游所言的"有山皆种麦,有水皆种粳"。民间对主次分得很清,江苏谚语说"稻作年成麦作料""种好半年稻,一年有依靠"。至今江南地区称割稻为"大收",割麦只能叫"小收"。宋代江南的两税中已无粟麦的踪影,夏税不收麦改收钱,秋税不收粟只收稻,为迁就"多杭稻,须霜降成实",将原来九月一日起纳的秋税推迟到十月一日。宋代南方水稻不仅携有本土作物的优势,而且已占据了耕种体系上的优势。其背后有一个成熟而强大的精耕细作体系在支撑和推动,小麦融进了这个体系,在江南生存了下来,其他与之不兼容的杂谷渐次被淘汰。

水稻在唐末取得的首要粮作地位在宋代得到了彻底巩固。北宋欧阳修的观稻诗中已言"六谷名居首",南宋周必大明确指出"五谷以稻为贵",其后赵希鹄评价水稻是"安民镇国之至宝",再往后王应麟编的启蒙教材《三字经》中写道:"稻粱菽,麦黍稷,此六谷,人所食。"以稻居首。到元朝初年,农学家王祯在《农书》里更誉之为:"诚谷中之上品,世间之珍藏也。""无以加也。"正因如此，宋代有关水稻丰歉的记载明显增多。宋代经济以精细成熟的稻田农耕为引擎，跃升到了一个新的高峰，已经很接近中国古代社会生产力发展的最高水平，没有给后继的元明清三代留下多少实质性增长的空间。稻作兴旺带来了人丁兴旺，宋代之前还没有哪个朝代的总人口能超过6000万，北宋版图远不及以往的统一王朝，却头一个让人口破了一亿大关。宣和六年（1124年），全国人口已超1.2亿，其中三分之二在南方，而两浙成了全国人口密度最高的富庶之地。南方人口数量增长的同时，人口的文化素质也在提升。先看官员比例，北宋后期南方籍官员人数首度超过了北方籍。再看学者占比，《宋元学案》列有宋代学者1700余人，其中最多的是两浙（680人），其次是福建（304人），第三、第四位分别是江西（183人）和江东（126人）。唐宋八大家中，唐代的柳宗元和韩愈两位皆为北方人，但北宋的欧阳修、苏洵、苏轼、苏辙、王安石和曾巩全是南方人。显然，全国经济中心的南移最终导致了文化中心的南移。

水稻与元朝大运河

在研究科技发展史和制度变迁史的学界中间，常常提到"路径依赖"一词，用以说明人们对自己所选解决方案或路线的依赖，它就像越来越快拦不下来的滚滚车轮，即使当初是偶然间选定的，即使这条路并不一定是最优的。自隋以降，中国历代王朝就对大运河产生了路径依赖，除却粮米主产区固定的因素外，漕运的路径依赖又和定都的路径依赖息息相关。907年是个历史里程碑。这一年，后梁取代唐朝，梁太祖朱温在河南开封称帝，接踵而至的后晋、后汉、后周都在此建都，后来的北宋只是捡了个现成，其"东京"实为前朝故都。开封成了漕运的新目的地，它是运河与黄河的交汇点，比洛阳更近江淮稻作区，且海拔高度只有洛阳城的一半。天禧三年（1019年）一年，汴渠（通济渠）漕运粮食竟达800万石。漕运终点自这次东迁，就再也没有机会西返了，因为国家的经济中心和政治中心都到了东部。同在907年，北方的契丹建立了辽国，中国的重点防御方向从西北方变成了东北方，此后来自这个方向的外部威胁一直持续了整整一千年。自东北地区南下的势力一波接着一波，他们都有在长城两侧建立农业根据地的意识，这些半农半牧民族的扩张比以前的纯游牧民族更难对付，他们更懂得如何征服和管治内地农耕区。辽代开始以北京为陪都，契丹人称之为"南京"，也成了后世因循的路径，接下来金、元、明、清相继定都于此，至今依然是我国的首都。

金代黄河夺淮入海后，汴渠段运河基本上废了。元代大都（今北京）成了漕粮的最终目的地，对江南稻米产区的依赖比起前朝有增无减。《元史》载："元都于燕，去江南极远，而百司庶府之繁，卫士编民之众，无不仰给于江南。"为此，元世祖忽必烈千方百计疏通南粮北运的各种渠道，大动作频频。他一边新辟海路运粮，在山东半岛修建胶莱运河以缩短海运里程。至元二十年（1283年）实现了河海联运，可惜天时地利人和总是凑不齐，搞了短短几年就放弃了。一边还对大运河进行了"弃弓走弦"直连京杭的大改造，弓背是河南，直弦过山东，从起点到终点一下子缩短了900千米。堵车，我们见得多了，堵船可有听过？新修的大运河山东段（会通河）岸狭水浅，是为小型运粮船设计的，而高官富商偏造大船，时常造成运河"堵船"。每年经此运抵京师的粮食只有区区几十万石，还老是"晚点"到达。当时的运河漕运不仅没竞争过繁忙的私家商业船运，而且远远落在了海道漕运之后。天历二年（1329年），从苏州刘家港装船海运至京师的漕粮达352万石，所以说海运"用之以足国，则始于元"。76年后，郑和下西洋的浩大船队就是在刘家港集结出发的。

稻米依然是漕粮的大宗，苏州依然是江南稻作区的中心，因而海道漕运的起点设在了苏州。元代海道都漕运万户府衙门就设在平江（苏州城），海运香莎糯米千户所的治所也在平江，另外苏州旁的水稻管治机构还有松江稻田提领所。元朝政府还专设了提调香糯事（五品官）一职，由三品官海道都漕运万户亲自兼任。元朝政府在大运河起点和终点建造粮仓49座，大运河沿岸又建了49座，在苏州、镇江的运河边专门建有"香糯仓"。至元十六年（1279年），皇帝开恩，将江南运来的糯米中用不上的部分拨给贫民。大德二年（1298年），这一年皇家就收到了5万石漕运香莎糯米。香莎糯米是江南地区的特产，能酿出品质上佳的美酒，甚得皇室钟爱，元朝政府特地建立专门机构并派遣得力官员负责每年将之押运到京。北方，特别是北京，管糯米叫"江米"。清初姚文燮解释说："江米乃江南所贡玉粒。"现今的天安门广场两侧有东交民巷和西交民巷，以前连在一起时长达3千米，曾是老北京城最长的胡同，清末东交民巷成了著名的使馆区。其实，"交民巷"是文人加工过的谐音雅称，它原名"江米巷"，因为元朝时漕运糯米在此地卸船，这与装船地镇江城和杭州城的"糯米仓巷"遥相呼应。

从"苏湖熟"到"湖广熟"

三十年河东，三十年河西。进入明代，长江中下游地区的稻作发展此消彼长，没人再提宋代流行的"苏湖熟，天下足"，取而代之的是"湖广熟，天下足"。此处的"湖广"即今天的湖南、湖北，湖南的洞庭湖平原和湖北的江汉平原同样是湖泊密布、河网纵横的水乡。

明代成化年间（1465—1487年）的湖广地区全面启动了对湖区的开发，更在清代乾隆年间（1736—1796年）达到了高潮。开发的动因还是移民带来的人口压力，不过这次不是因为外敌入侵或北方战乱，而是由于日益严重的土地兼并。成化年间正是两次爆发荆襄流民起义的时候，湖区附近的荆襄山区流民（客民、棚民）总数超过150万。由于湖荡的租金便宜，泥土肥沃，吸引了大量流民在湖滨筑堤围垦，垸田数量不断增加。"圩田"是长江下游江南一带的叫法，珠江三角洲则叫"围田"，长江中游的两湖地区改叫"垸田"。紧接着的弘治年间（1488—1505年），何孟春的《余冬序录》中出现了"'湖广熟，天下足'之谣，天下信之，地盖有余利也"的描述，这是新谣谚的首次书面记载。包汝楫也在《南中纪闻》中说："楚中谷米之利，散给海内几遍矣。"明末清初时"向之废弃湖地，今如膏腴之产，同收地利"。乾隆时湖北仅沔阳（今仙桃）一县就有1398垸，面积达400万亩。同期的湖南也不落人后，如湘阴县在清朝头一百年将垸堤长度延拓了8倍以上。乾隆皇帝甚至在湖南巡抚高其倬的奏折上御批"湖南熟，天下足"。到晚清时"昔之名湖者，大半已变为桑田，丈量起科，赋输朝廷"。垸田以外，还有梯田和沙田。明末大旅行家徐霞客游览湖北武当山时，看到了"山坞之中，居庐相望，沿流稻畦，高下鳞次"的梯田景观。明清两代的广东珠三角对"可稻"沙田进行了大规模围垦，据说南海一亩稻田全年可以收10石稻谷。

当长江中游产稻区升格为新的天下粮仓时，下游地区却渐渐沦为无法自给的粮食输入地。从《明史》中获悉，成化八年（1472年），也就是两湖大修堤垸后不久，全国运抵京师的400万石粮食定额中，来自南方的"南粮"占324万石，南粮中南直隶占180万石，浙江占60多万石，特别值得一提的是，南直隶中苏州一府就占了70万石，这还不包括加耗。也就是说，明中期的长江下游地区仍贡献了全国逾六成的进京粮食。然而来到明末，《地图综要》开始说："楚故泽国，耕稔甚饶。一岁再获，柴桑、吴越多仰给焉。"明末顾炎武在《天下郡国利病书》中谈到当时的嘉定"县不产米，仰食四方"。每天村民从进村贩米的小船上背米回家成了当地特有的一景。到了清朝，江浙一带人口越发稠密，对外来粮食越发依赖。康熙《嘉兴府志》说："每不能自给，待食于转输者十之三。"雍正《浙江通志》也说："浙江及江南苏松等府地窄人稠，即在丰收之年，亦皆仰食于湖广、江西等处。"明代的江南到底怎么了？

朱元璋立国之初就谈道："苏松杭嘉湖五郡，地狭民众，无田以耕，往往逐末利而食不给。"明代中后期工商业大发展，在江浙地区萌出了资本主义经济的嫩芽，当时的苏州和南京是闻名全国的纺织业中心。因适应日益发达的商品经济，当地农业迅速转型，生产目标从"国之仓庾"转为"衣被天下"，纺织原料价格节节攀升，种稻麦早已不如种桑棉来钱多，随之出现了桑树和棉花挤占稻田的现象。蚕桑业的中心恰在以往的稻作中心——包括苏湖在内的沿太湖低田地带。明代中期常熟出现了"两利俱全，十倍禾稼"的桑基鱼塘。万历四十四年（1616年），湖州桐乡知县胡舜允说："地收桑豆，每四倍于田。"所以"尺寸之地，必树之以桑"。康熙二十八年（1689年），康熙皇帝南巡时亲眼看到浙西"桑林被野"，还即兴作了一篇《桑赋》。清初张履祥也说："米贱丝贵时，则蚕一筐即可当一亩之息。"产棉区则集中在沿海高田地带。宋诗已有"木绵（棉花）收千株，八口不忧贫。江东易此种，亦可致富殷"之句，那时棉花才传入江南。元初浙江设置了木棉提举司专事征收。明末徐光启在《农政全书》里提到浙东余姚是"浙花"的主产地，其棉农"种棉极勤"。江苏嘉定、松江及常熟的棉布行销全国。直到清代依然是"种花（棉花）费力少而获利多，种稻工本重而获利轻"。

水田废耕之风打击了水稻栽培，致使水稻种植面积缩减、水稻产量下跌、水稻种植技术倒退，还波及了冬种的小麦和油菜。崇祯《太仓州志》说："州地宜稻者亦十之六七，皆弃稻袭花。"乾隆四十年（1775年），两江总督高晋两次到松江府巡视后发现"每村庄知务本种稻者不过十分之二三，图利种棉者则有十分之七八"。清初浙江桐乡县"以蚕代耕地者什之七"。"蚕桑太盛妨田畴……但恐吾乡田禾从此多歉收"，清代《南浔志》中的这种担忧不难理解。同时，畜牧尤其是大牲畜养殖也遭受冲击。既然乡间一切隙地都被桑树占领，以前放牛的地方都开成了桑田，牛没草可吃，造成耕牛数量大减，这不是"蚕吃牛"吗！结果，江东犁找不到牛拉，人们无奈地翻出已是老古董的铁搭，铁搭"制如锄而四齿"，有点像猪八戒手里抓的钉耙，只不过没有九齿。需人力操持的铁搭在明代重出江湖，基本上代替了牛拉犁，耕作效率是大大下降了，要知道"率十人当一牛"，好在江南劳力多，人力的耕作质量也可以高些。明人朱国祯在《涌幢小品》中叹道："中国耕田必用牛，以铁齿把土乃东夷儋罗国（今韩国济州岛）之法，今江南皆用之，不知中国原有此法。"人多田少已容不下优质但低产的稻种，香稻受到冷落就是因为"收实甚少，滋益全无，不足尚也"。太湖地区著名的湖羊也不得不适应全新的生态环境，没有草吃就转吃桑叶，没地方游荡就整天待在羊圈，居然进化成独特的圈养品种。

"桑争稻田""棉争稻田"与英国"羊吃人"的圈地运动颇有几分类似，都是位于重要水路交通线的起点，都是以商品经济为动力，都是织料生产排斥粮食生产，都发生于15～19世纪……只不过英国是农田改牧场，放羊比种地省力得多，农人流失，农村人口锐减。江南是粮食作物改经济作物，农人还是农人，他们依然种水稻，但腾出了许多田地用来种桑植棉，导致农村人口大增，以应付增长数倍的劳力需求。在粮食作物里，种稻算是最劳心费力的了，可比起照管和加工经济作物来就是小儿科。在长江三角洲，从种一亩棉花再到纺纱和织布总共需要180个工作日，是一亩水稻费工的18倍。同样一亩地，水稻劳动力投入只有桑蚕的12.3%。民国期间有美国农学家在江苏实地测算过，种一英亩单季稻费工76天，但一英亩桑田却要196天。在为期两月的蚕月中，农户异常紧张忙碌，蚕妇每晚都要起个六七回。苏州的农夫除了种田，还要承担繁重的漕运劳役，带着自家烧饭的氅上船，将粮米运送到江北的官仓。他们没有三头六臂，却要同时周旋于水田、旱地、湖荡、桑林和蚕房之间，一年四季，从早到晚，一刻都不能松懈。这个世界上，很难找到比江浙农民更为吃苦耐劳的农人了。故而，明人王士性说"东南民力良可悯也"。

就全国来讲，明清的水稻生产仍在继续发展，进入了空前繁盛的时期。就拿施肥来说，有人做过统计，宋元时期我国共计使用肥料46种，到明末时，单《徐光启手记》里就列出了

107种。邝璠的《便民图纂》记述了明代中叶吴地稻田插秧前的基肥用量："麻豆饼亩三十斤，和灰粪；棉饼亩三百斤。"徐光启报告的是"南土壅稻，每亩约用水粪十石"。舍得如此下本钱，使得江南农民又成了世界上最慷慨的施肥者。明初的水稻亩产已可达400千克。到明末，宋应星在《天工开物》中说："今天下育民人者，稻居什七，而来、牟、黍、稷居什三。"清初的《授时通考》则汇总了多达3429个水稻品种。

江南重赋

"人人尽说江南好。""天上天堂，地下苏杭。"但很少有人知晓这人间天堂背后的艰辛。"无力买田聊种水，近来湖面亦收租。""不惜两钟输一斛，尚赢糠核饱儿郎。"……范成大是南宋苏州人，其诗句让我们可以看到这天堂的另一面，他在《劳畲耕》里就指出缘由是"公私之输顾重"。再引两位苏州学者的言论，明末陆世仪说："苏州税额，比宋则七倍。"清初潘耒总结道："盖吴中之民，莫乐于元，莫困于明，非治有升降，田赋轻重使然也。"我们就以苏州为例，来了解一下江南重赋现象。

1970年，在洛阳的一家轴承厂地下发现了一块含嘉仓的铭砖，上刻"苏州通天二年（697年）租糙米白多一万三□十五石□……右圣历二年（699年）正月八日纳了……"这是唐代武则天时期苏州向中央官仓纳粮的实物证据。苏州的大开发始于大历年间（766—779年）。移民有垦荒的积极性，官府更有征税的积极性，赋税紧随着新田的增加而增加，由于763年才平息北方的安史之乱，唐王朝对江南的税收更为饥渴，对此，我们熟悉的几位诗人都留下了言论。825年，时任苏州刺史的白居易讲过"当今国用多出江南，江南诸州，苏最为大，兵数不少，税额至多"。他的后任刘禹锡亦言"当州口赋，首出诸郡"。多到什么程度呢？同时代的韩愈说了："当今赋出于天下，江南居十九。"稍晚的杜牧也说："三吴（苏州、湖州、绍兴），国用半在焉。"因此"今天下以江南为国命"。可见，在唐朝中叶，苏州已经坐上了全国首要税源的位子。天下第一粮仓的地位保持到了明代，而天下第一税源的地位则一直到近代沿海工商业城市兴起后才旁落。

南宋朝廷每年从苏州"和籴"（征购）粮食150万石，居各府之冠。元廷对商业税更感兴趣，农业税率倒不高。有明一代，苏州府田土只占全国的1%多一点，却担负了全国约8%的税粮，洪武二十六年（1393年）曾达13.7%。还有个统计数字显示，洪武年间（1368—1398年）苏松地区承担的赋粮是全国平均数的7倍之多，更是北方的12倍。所以，明人丘濬在《大学衍义补》中说："东南，财赋之渊薮也。"《明史》有详细记载，"（浙西）亩税有二三石者。大抵苏最重，松、嘉、湖次之，常、杭又次之"。明廷下达的税粮定额中"苏州一府七十万，加耗在外"。也就是在70万石"正粮"之外还有"加耗"，加耗的米可不是小数目，更何况还有名目繁多的种种摊派勒索，比如，补润、加赠、淋尖、饭食、样盘等米，踢斛（斗）、水脚、花户、验米、灰印、稳跳、倒箩、舱垫等银，说"八爪"
实在太保守了，应该说"千手"。元明两代的行情是完成正粮
一石的指标任务，实际要纳二至三石。除开"漕粮"外，朝廷
还额外"关照"江南五府（苏、松、常、嘉、湖），令其每年
向京师解运"白粮"21.8万石，其中17.4万石白熟粳糯米供内府
（宫廷），4.4万石糙粳米供各府部，运费和途中损耗皆由纳粮
户分摊。重压之下难免出现税粮拖欠、人户逃亡的现象，宣德
八年（1433年），苏州府累积拖欠税粮794万石，同年太仓的户
数与42年前相比只剩8%。清代照例视江南为自家府库，基本承
袭了明制，包括续征白粮，康熙三年（1664年）改为折征，折价
却高于市价3~4倍，算上加耗和运费，一石的折价竟然已是市价
五石以上。故而康熙初年的江苏巡抚韩世琦说"财赋之重，首称
江南，而江南之中惟苏、松为最"。林则徐也担任过江苏巡抚，
他亦称"吴之民困矣，齿繁而岁屡俭，赋且甲天下"。清中后
期，无望缴足的地方官要靠不时谎报灾情以求减免。

　　有个说法很流行，认为明初对江南课以重税要怪朱元璋，
他愤恨于张士诚据有的东吴城池久攻不下，要借此对吴人施行
经济制裁，以至于洪武二十六年（1393年）苏州居然上交了281
万石税粮。但纵观长时段的历史，江南重赋不是明朝才有，而
是肇端于隋唐。个中原因在于，王朝"吃皇粮"的官吏和兵员
人数过于庞大，防范富庶之区地方势力坐大，征收管理上又总
是优先效率、牺牲公平。在以农养政的时代，农业中心南移必
然导致赋税中心南移，这不是哪个帝王意气用事才导致的。也

许有朱元璋气量和好恶的个人因素在内，但那只能影响一时。要是注意到明太祖在苏松地区大量籍没当地豪强的土地充作官田，只对官田征收重税，民田的税率仅为官田的十分之一，我们就明白了，这多半是失地豪强的舆论宣传。然而到了后来，官田民田统一税则，耕种民田的百姓税负又大幅增加了。

然而，如此重赋，似乎没怎么影响苏松地区的繁华甚至奢华。"其俗多奢少俭"，江南巡抚周忱改革赋税制度后人民似乎也没有激烈抗争。明人徐学谟的家乡在嘉定，他的《改折漕粮书册序》道出了原委："扬州厥土下下，吾乡居扬州一隅，赋额特重，岁供几当天下之半。然而民能勉力委输，犹幸不困者，以下下则宜稻也。"同时代的王士性在《广志绎》中也说："虽赋重，不见民贫。"难道江南是取之不尽的聚宝盆？当然世上不存在榨不干的资源，但苏松经济的巨大潜力和韧性是不言而喻的，这是高产又稳产的稻作、高附加值的种桑（棉）养蚕、发达的商业和手工业等共同造就的，当中不知凝结了江南人民多少辛勤的汗水。

康熙帝与御稻

清圣祖爱新觉罗·玄烨创下了一项纪录：中国历史上在位时间最长久的皇帝，他的"康熙"年号前后用了61年。康熙帝自幼爱庄稼，一拿到各种农作物的种子就有迫不及待播下去的冲动，这样能盼着看到收成，这个习惯一直保持到终老。登基后"念切民依"，关怀农业，总以立下引种占城稻功勋的宋真宗为榜样，特命宫廷画家焦秉贞仿着宋人楼璹的画法重新绘出《御制耕织图》。如此机缘之下，他与水稻之间就生出一段佳话，一直流传至今。

清宫中专辟了几块水田，地址就在今天北京中南海丰泽园。话说某年的农历六月下旬的一天，正值水稻刚抽出穗来的时候，康熙帝前来观稼，踏上田埂巡视没一会儿，就发现了一株鹤立鸡群的高壮稻株，已长好坚实的稻谷，可正常来讲，这块稻田要等到九月才能收割。他忙摘下两粒剥开一看，里面是微红而较长的米粒，如同丹砂一样好看，当场命随从把这一株的谷种收好，留待来年种下看看是否仍然早熟。果不其然，第二年六月它又熟了，康熙帝很欢喜，从此年年播种，又因米饭"气香而味腴"，作为御膳坚持吃了半个世纪。因其产自御苑之田，他给稻种起名，叫"御稻"。这个生育期很短的品种不仅可以一年两熟，种在寒冷的关外还能赶在白露前成熟。承德避暑山庄就在长城之外，普通稻种熬不过白露，但丰泽园的御稻在这里试种成功了，产量除了供应山庄用度还有盈余，多余的部分又颁给江浙的督抚和织造进行推广。康熙帝对推广御稻怀有特别殷切的期望，以至于"朕每饭时，尝愿与天下群黎共此嘉谷也"。对布种江南的益处也有过充分考虑，他说："南方气暖，其熟必早于北地。当夏秋之交，麦禾不接，得此早稻，利民非小。若更一岁两种，则亩有倍石之收，将来盖藏渐可充实矣。"《红楼梦》里写到了一个稻种，即由庄头乌进孝进献给贾府的御田胭脂米，说的就是御稻。曹雪芹的祖父曹寅是江宁织造，曹寅的妻舅李煦是江南织造，康熙帝正是给了李煦一石稻种，要求其"各府官员要者尽力给去，无非广布有益"。康熙五十四年（1715年），御稻到达南传的第一站苏州，推广之人对地方官绅商民有求必应，并教给播种之法，很快传遍江浙皖赣。1717年取得稻种的江西，次年全省所有13个府都有了收成。不过，御稻好像并未得到大规模的栽培。康熙帝在垂暮之年，尤为怀念自己的这项育种成果，并期盼着它能大行于南方热土，特作《早御稻》一首，诗云："紫芒半顷绿阴阴，最爱先时御稻深。若使炎方多广布，可能两次见秧针。"今天，江苏省农业科学院仍保存着御稻的标本，使我们尚能一睹该良种的风采。

如果换成现代科学语言来叙述，康熙帝是运用了单株穗选法对出现良性基因突变的变异植株进行了多年比较和多点鉴定试验，比近代选种史上1856年威尔莫林的甜菜单株选育早了一百多年。这个真实的故事引自《几暇格物编》，这是康熙帝亲撰的一本颇有科学价值的著作，其中记述了当时的一些技术成果，还包括他本人的一些研究探索活动和科学见解。他一边钦定《性理精义》倡导宋明理学，另一边又主持编制了《历象考成》《数理精蕴》《康熙永年历法》和《康熙皇舆全览图》等一系列作品。这样一位爱好自然科学的皇帝在我国历史上实属罕见，可惜的是他令西洋科技成了个人独享的秘技。时势造就了他，明中叶以来，携西洋科技知识的欧洲传教士陆续来华，康熙帝时常召见南怀仁等多名耶稣会士，听他们讲解科学原理和仪器用法。这则皇帝与水稻的故事，后来居然传到了远在英国的达尔文耳朵里，这位生物学泰斗对御稻给予了正面的评价："由于这是能够在长城以北生长的唯一（水稻）品种，因此成为有价值的了。"

进军西南山区

明初是官方有计划地发动人口大迁徙的时代。洪武年间（1368—1398年），朱元璋在加强军屯的同时，大力推行"移民就宽乡"政策，而西南边地就是当时全国最大的"宽乡"（地广人稀的地区）。说起向大西南移民的运动就绕不开江西，明廷将江西作为经略西南最重要的后援基地，江西又与江南同为人口过载的重赋之区，称得上一对"难兄难弟"。无论官方强征还是民间自发，江西人迁移的方向都是大部向西，少数向北，先填湖广后至云贵川，一直持续到清朝中叶。为什么四川的"江西早"稻种是由清代湖广移民携来？就是因为"湖广填四川"之前还发生过规模在150万人以上的"江西填湖广"。朱元璋在贵州驻军20万人以上，更令沐英组织一两百万之众的江西和江南人民入滇垦殖。所以，今天云贵川的宗族谱牒大都还记着南京杨柳巷、江西鄱阳瓦屑坝、庐陵大桥头或泰和朱氏巷等祖源地。这些来自稻作区的移民成了西南水稻栽培的生力军，后续进入西南的大量汉族商人和矿工虽不种稻，但他们吃大米饭的习惯还是推动了当地人民改种水稻。

清代则是人口大爆炸促发大迁徙的朝代，也是山区土地大开发的时期。顺治、康熙两朝（1638—1722年）全国人口才几千万，受康熙"盛世滋丁，永不加赋"和雍正"摊丁入亩"政策的刺激，乾隆初年（1736—1741年）人口破亿，乾隆二十七年（1762年）超两亿，乾隆五十五年（1790年）超三亿，道光十四年（1834年）突破四亿大关。"生齿日繁，民食渐绌。"多一个人多一张嘴，一下子添了这么多丁口，可新的田亩从哪来？原来的平原和盆地早已开发殆尽，比如支撑了"湖广熟，天下足"的洞庭湖地区，由于过度围垦垸田，牺牲了大量泄洪空间，从而导致水灾加剧，清中期时不得不考虑"废田还湖"和"塞口还江"，几乎是将南宋太湖地区圩田发展的全过程重演了一遍。中国头一次面临全局性的耕地紧缺，人多地少的"狭乡"只好向外移民，前往边疆僻壤甚至海外开拓新的生存空间，如此才有了无数侨客先驱填四川、闯关东、走西口、下南洋的奋斗故事。

在人口陡增的形势下，人们先前瞧不上的山地、冷浸田、滩涂、盐碱地……现在都不能放过了，其中西南山地的开发对拓展稻田面积的贡献最大。清代的四川开展了一次大规模的旱地改水田运动，广泛应用梯田和冬水田技术，让许多从未种过水稻的丘陵地区种上了水稻。"湖广填四川"不仅为巴蜀带来了熟悉稻作的农民，还带来了许多水稻良种，包括"江西早"（能收两季）和"红脚稻"（耐旱性强）。川西的稻城原名"稻成"，因光绪年间在此试种水稻而得名，这里已是青藏高原之上。自雍正四年（1726年）始，趁着苗疆改土归流进程提速，江西、湖广及江浙的大批民众涌入贵州、重庆和湘西山区，他们将东部的稻种、铁质农具和龙骨水车引入民族地区，

当地水利的改善对稻作的促进作用立竿见影，大片畲田变水
田，水稻单产直线上升。清代云南哀牢山区，内地移民"租垦
营生"，参与开凿稻作梯田。然而好景不长，清初仍属"宽
乡"的大西南不久就逼近了开发的极限。乾隆初年贵州"自平
溪、清浪以下……房屋城池遍满，无隙可耕"；乾隆晚期陕南
紫阳"深山邃谷，到处有人，寸土皆耕"；道光年间贵州新晃
"山麓皆治"；同期鄂西建始"深林幽谷，开辟无遗"；今
天我们去参观著名的云南元阳梯田或广西龙胜梯田，就能看到
万千梯级已迫近山顶。可见，依靠不断扩大水田面积的外延式
稻作发展之路在整个南方已经行不通了。

　　大移民改变了西南地区以往"汉少夷多"的人口结构，也
与新进的美洲作物一道改变了西南的粮食种植结构，大致在清
朝中叶就奠定了今天我们见到的稻作农业格局。此时有必要澄
清一个占据主流的观点，即清代人口扩张至四亿要归功于美洲
粮食作物，或者干脆说是番薯或玉米某一种作物的功劳。这是
一个片面的判断，这一判断无视同一时段稻米总产量的倍增。
清代水稻增产的主要原因有二：一是西南地区稻田面积大幅扩
张，北方的水稻种植范围也推至北纬44°线；二是长江流域双季
稻日渐普及，台湾和岭南地区还有三季稻。西南稻作的大发展
有赖于上百万人量级的大移民，而明代之前进入西南民族地区
的汉人仅限于少量的官军、商贩，还有罪犯，虽有屯田，但很
难成气候。明清时期，进入西南的垦荒者已非昔比，民户携带
有耐旱耐瘴的美洲作物，军户配备了威力强大的各式火器。有

了这两大利器，以往汉人并不重视的"山多田少、地瘠水冷、刀耕火种、籽粒秕细、鲜有收获"的西南边疆不再是穷山恶水，那里忽然变得更有价值且更易攻取，东来的移民大军首次能成建制地扎下根来。况且，明清两代在滇黔桂湘强力推行改土归流，扫清了移民进入土司领地和"生界"（既无流官也无土司的民族地区）的最后障碍。美洲旱作非但没有替代水田稻作，还为山区稻田的开垦铺平了道路，因为有了栽培要求低、适应性强的玉米打前站，稻农才能在深山和高原站稳脚跟，也才会有下一步的水利建设和梯田开发。比较符合实际的表述是清代人口数量暴增是美洲作物、水稻还有小麦共同发力的结果，当然也不能忽略气候转为暖湿以及救荒水平提高等因素。

顺治十八年（1661年）全国有耕地485.22万顷，道光二年（1822年）已增至696.92万顷，增幅为43.6%，可是同期人口增长了486.6%，换句话说161年间人均耕地面积从6.34亩骤降到1.87亩。这仿佛坠入了马尔萨斯陷阱，两百多年前这位英国经济学家就指出，生存资料是按照算术级数增长，而人口是按照几何级数增长，食物生产快马加鞭也赶不上嘴巴的增长速度。在快要进入近代的前夜，一个空前严峻的粮食生产问题摆在了中国面前。不仅事关水稻，而且涉及所有粮食作物，但又主要是水稻。

农业内卷化

近两年，"内卷化"成了感叹社会竞争趋烈的网络热词。论渊源，这个词与稻作的关系不浅。印尼爪哇是个土肥人稠的岛屿，农业开发程度很高。20世纪50年代，美国人类学家格尔茨在此考察稻作农业时发现，农村剩余劳动力无从获得新的土地和资本，找不到别的出路，只能不断地投入到劳力本已饱和的水稻生产中，他将由此导致的稻作精细化称为"农业内卷化"。陷入内卷的稻农人均收入水平难有提高，不过幸亏是消化力强的稻作，投入更多劳动力也没有造成人均收入水平的明显下降。

我国江南也是人口密集的地区，其农业也是劳动密集型的产业。1985年，美籍华裔学者黄宗智考察明清时期长江三角洲的小农经济时借用了"内卷化"一词，用以概括这里"过密化"的农业经济。苏松地区早在宋代已"无旷土"，宋人说到苏州一带"田之膏腴""出米浩瀚"时，归因为"由人力之尽也""勤所致也"。太湖之滨于南宋至迟明初已触到传统农耕的水稻单产天花板，在不断增长的人口和赋税的双重压力下，农户不得不兼营副业，尤其是种棉织布和种桑养蚕。副业虽可赚取数倍于稻作的收入，但投入的人工却往往是稻作的十几倍，也就是说家庭总收入提高了，但每个家庭成员单位时间内的边际劳动报酬下降了。因此，黄宗智认为这是一种"没有发展的增长"，发展是指人均劳动生产率提高，增长只是产出（收入）的增长。家庭中的成年男子主要从事稻作，妇女、儿童及老人则负担蚕桑和棉纺。人们稀罕的是土地和金钱，完全不计较人力和时间的耗费，这是一种对劳力不计成本的投入。农夫放弃冬闲走进放干水的稻田，种上小麦或油菜；妇女牺牲晚上睡眠走进蚕房，举着烛灯添饲桑叶；少儿越来越早当家；老人只要还干得动就不会停手。更要命的是，爷爷年轻时多干一个时辰能为家里多挣五个铜板，老爹年轻时还能挣四个，到你自己长大时就只能挣三个了。但为什么江南这条注定越走越逼仄的路却从14世纪坚持走到了20世纪？以如此高强度的劳动为代价换来勉强糊口的收获，明显是不划算的，也无法用经济理性来解释，但是人们却坚持了下来。人们能忍受下来是因为可以维持家庭生活，为了家庭的整体利益可以不考虑个人得失。在人口稠密、资源匮乏的农业社会中，重集体轻个人，以家庭为生业组织和生存单位，依靠家庭成员的分担与协力来抵御高压与风险，不仅是一种古老的文化传统，也是一种有效的生存策略。江南只是整个东亚及部分东南亚地区的一个缩影，东亚社会不仅共享以家庭为本位的文化模式，也共享以节约土地为宗旨的农业模式。看我们的江南稻作，人力可以狠狠地用，畜力更是可以狠狠地用，粪肥可以多多地用，水也可以随便用，唯独土地不容许有一丝一毫的浪费，这种节地型农业与中东的节水型农业或西欧的节劳型农业很不一样，它攀至了传统农业中土地利用率的最高点。

黄宗智认为，明清江南的农业属于内卷了的小农经济，排斥资本主义性质的雇工生产，与劳动生产率不断提高的现代经济增长方式格格不入。人口一年年在增多，人均劳动生产率一年年在降低，施加给土地和农人的压力一年年在加大，那么突破不了瓶颈的江南稻作及其副业终归会有维持不下去的一天，这恰是封建社会末期南方稻作普遍面临的发展困境。待到此种内卷化的农业历经六个世纪，跟跟跄跄地走到清末民初，它已经濒临崩溃的边缘。在清帝国覆灭前两年，接踵发生了1910年湖南长沙抢米风潮和1911年江浙抢米风潮。长沙民变前一月米价已飞涨至"实为百数年所未见"的七千文一石，事发日更在八千五百文以上，是常年的三倍，还"有价无米"，此时湘北素以产稻闻名的华容米价竟涨破了一万文。杭州民变后也迅即蔓延，连一向生活安稳丰足的苏州和常熟都不能幸免，这在当地历史上是极为罕见的。除归咎于政治黑暗和自然灾害，还应看到，南方稻产区已成了当时世界经济的一大价值洼地，既然水田生产劳动的价值极贱，便无力阻止人均劳动生产率高的地区的资本流入，结果灾民的救命粮也被夺去外销牟利。英国经济史学家托尼对这种境况有一个特别形象的比喻："就像一个人长久地站在齐脖深的河水中，只要涌来一阵细浪，就会陷入灭顶之灾。"河水象征着人口压力和赋税负担，细浪可以是自然灾害，也可以是社会动乱，在托尼描述的20世纪30年代的中国农村，还可以是进口洋货倾销带来的市场危机，简直太危险了！稻作发达的江南尚且如此，说明传统稻作已经走到了尽头，能挽救它的只能是近现代的科技创新和制度创新。

从北大荒到北大仓

历史上我国的农业中心一直变动不居。最早是在长江中下游稻作发源地，紧接着交棒给黄土高原黍粟栽培发源地，又由华北平原旱作区接棒，然后南移到江淮地区，唐朝时回归长江下游稻作区，明朝再西扩至长江中游稻作区。来到20世纪后，北疆有一片地区新垦出近四亿亩的耕地，其中稻田还占了相当部分，国家的农业中心无可避免地再度易主。

　　近代中国保有的最后一块处女地是东北。清朝对自己的龙兴之地，先是下禁关令后又下招垦令。移民初到这片广布沼泽和森林的黑土地，不由得感叹："北大荒，真荒凉，又是兔子又是狼，光长野草不打粮。""棒打狍子瓢舀鱼，野鸡飞到饭锅里。"更欣喜于这里肥得能用手攥出油来的泥土。闯关东的关内农民都从事旱作，种的是高粱、豆子、粟、稗子和铃铛麦（即燕麦）。东北的水稻是由来自朝鲜半岛的垦荒者带入的，他们不忘吃惯的稻米饭，又拥有寒地稻作经验。清光绪元年（1875年），水稻在辽宁桓仁和吉林通化交界处试种成功。此后东北管水稻叫"水梗子"或"朝鲜稻"。这可不是东北第一次试种水稻成功，辽宁大连大嘴子遗址出土过古粳稻，唐代渤海国还出产"卢城之稻"。20世纪初，日本北海道的耐寒稻种传入东北，之后相当长的一段时间内，日本殖民者引育的水稻品种占据着东北水稻良种的半壁江山。20世纪40年代中期，稻田几乎遍布东北全境（极北除外），这在古代是不可想象的，水稻已成为东北第六大作物，以植稻为主业的朝鲜族逾150万人。别以为这样的扩张很快，如果说这算是坐上了快车，那么新中国成立后的迅猛发展堪比坐上了火箭。

　　"北大荒"涵盖的范围随着开垦进程在不停变化，开禁前指整个广袤的东北平原，到20世纪50年代，全变良田的松嫩平原被排除在外，只余下黑龙江的三江平原。但这一个平原也有10万多平方千米，相当于整个浙江省那么大。这是一大片适合稻作的茫茫沼泽和草甸，缺的就是人和勇气。军人是拓荒的先驱，1956年黑龙江96个国有农场共有职工5万人，1958年来自全国各地的10万多官兵及家属不畏艰辛扎根在这里，接着又有5万大专院校毕业生、20万内地支边青年和54万城市知识青年先后奔赴北大荒，洒下了他们青春的热血与汗水。1968年成立黑龙江生产建设兵团前夕，北大荒耕地面积已有91万公顷，粮、豆总产量达11.5亿千克，建成了全国最大的国有农场集群和商品稻米生产基地，新的"北大仓"横空出世了。1989年耕地增至162万公顷。2000年，三江平原的湿地面积仅剩7%，这一年我国政府决定全面停止对三江平原的开垦，转而执行退耕还林、还湿、还荒政策。2017年，黑龙江水稻播种面积是新中国成立初期的36倍，达394.9万公顷，这个面积比整个台湾地区还大，稻谷产量2819.3万吨，面积和产量均占全国的13%。那在全国的排位呢？连续多年的亚军，仅次于湖南。我们不仅想不到第二水稻大省居然在北方，更想不到黑龙江有五常和富锦两个地方在跟南方争夺全国第一水稻大县的桂冠。顺便提一提所谓的"南大荒"，它是指辽河三角洲的辽宁盘锦等地，也是20世纪东北稻作发展的一大亮点。1928年张学良组建"营田公司"之前，这一大片滨海沼泽荒滩一直在睡大觉，开发至20世纪80年代时稻田面积已达400多万亩。从1949年到2002年，全国的水稻播种面积仍然增长了9.7%，这应感谢东北。城镇在扩张，工业用地在扩张，经济作物栽培面积在增加，被污染的农田面积也在加多，南方水田面积日益萎缩，如此形势下还能增长实属不易。现在整个东北地区的稻谷产量已接近全国的1/5，跨省外销量更占到全国的4成以上。20世纪60年代，国内稻米的流向还是南粮北调和川粮东运，今天东北才是稻米的最大输出地。

以上的描述可能令读者产生一种错觉，以为东北地区的水稻农业单靠耕种面积的扩大，只是一种外延式发展。实际上，东北稻作从一开始就区别于内地的传统稻作，新中国成立后更是如此。在选用技术的导向上，人少地多的东北一改南方的节约土地和劳动密集型的稻作模式，一直采用的是能节约劳力的模式，天然上亲近资本密集型和科技密集型的集约化大农业生产。具体技术方面，能在高纬度的黑龙江扎根的耐寒稻种本身就是近代育种技术的结晶；1913年，日本"满铁"（南满洲铁道株式会社）和中国奉天当局先后设立水稻品种试验基地；前述开垦稻田的营田公司率先应用了近代农业机械；从1949年到1956年，黑龙江农垦系统的拖拉机由1.1万马力发展到6.2万马力；20世纪80年代中期，水稻旱育稀植技术开始推广，无霜期短、草害严重等卡脖子的生产难题终于得到有效解决，直接促使1990年黑龙江省水稻种植面积超过1000万亩；2001年起，农业部开始在东北推广超级稻，可比原当地品种增产一成以上；2017年末，黑龙江水稻大棚化育秧比例达到80.8%，耕、种、收机械化水平达到98.6%；2018年以来，采用分子设计育种技术育成的"中科发"系列稻种在东北获得大面积示范推广，每亩再增产约100千克。组织方面，稻作的经营主体是政府开办的大型且高效的机构，例如高度军事化的军垦农场和生产建设兵团，后来又有民间的水田农机专业合作社等。总而言之，20世纪初以来的东北稻作具有建制化、规模化、机械化、科技化、商品化的特点，是一种有全新内涵的现代化稻作农业模式。

新中国的农业革命

我国的近代农业发轫于19世纪90年代的清末。随后的整个民国期间，近代科技不断渗入传统水稻栽培技术，抗日战争期间，还有过一段新育良种的推广小高潮，包括南特号、胜利号、帽子头和万利号在内的系列品种蜚声未沦陷的国统区。但毕竟农业科技还处在初级发展阶段，今天看来显得嫩了点，这批稻种的亩产只能提高几十斤，许多品种的适应性还不强，加上当时特殊的社会环境，良种推广的效果也比较有限。不过1931年值得一提，这一年，"中国稻作学之父"丁颖先生在中山大学育成了我国第一个水稻杂交品种"中山一号"，开创了水稻育种的新纪元；同年，国民政府成立了"中央农业实验所"，随后从中独立出"全国稻麦改进所"，各省农业改进所及农事试验场也纷纷建立。然而，真正的稻作革命是在新中国成立以后才开始的。

新中国的农业革命是双轮驱动的高效革命，由一连串具有划时代意义的重大科技创新引领，又凭借强有力的农业推广得以迅速铺开应用。第一阶段是"高改矮"（改高秆稻为矮秆稻）和"单改双"（改单季稻为双季稻）运动。20世纪50年代末，丁颖先生的高足、广东省农业科学院黄耀祥研究员开创了矮秆多穗育种法，台湾地区农学家张德慈差不多同期育出了半矮化稻种。60年代，全国稻作区都在推广矮秆稻和双季稻，实现了水稻的第一次大增产，矮秆稻的增产幅度达30%。同一时期，国际上随之掀起了水稻矮化育种热潮，为"绿色革命"做出了巨大贡献。国际水稻研究所育成的矮秆"IR8号"闻名世界，被称作"奇迹稻"，比黄耀祥的"广场矮"品种晚了7年。第二阶段是"常改杂"（改常规稻为杂交稻）运动。从20世纪70年代延续全今，我国杂交水稻育种领先世界，成果斐然，影响巨大。1973年，湖南省农业科学院袁隆平率先取得实质性突破，实现了三系（保持系、不育系和恢复系）配套，因此荣膺"杂交水稻之父"的美誉。通过全国各地大协作，在很短的时间内就成功筛选出一批强优势组合，"东方魔稻"就此诞生。新的杂交稻又比矮秆稻品种增产20%，实现了水稻的第二次大增产，被称为水稻科学发展史上的"第二次绿色革命"。1981年，湖北省沔阳县农科所的石明松提出了"两系法杂交水稻技术"，为杂交育种开辟了一条程序更简便的新道路。1995年，杂交水稻种植面积达到创纪录的2090万公顷，占当年水稻总面积的68%。其实，第二阶段还有几个被杂交稻技术巨大光芒盖过的其他技术进步亮点，例如20世纪80年代的叶龄模式栽培技术和90年代的群体质量栽培技术。第三阶段是推广超级稻（超高产杂交水稻）运动。1996年国家启动了由袁隆平院士主持的"中国超级稻育种"项目，2005年开始实施"超级稻示范推广工程"。

矮秆稻的育种也好，杂交稻和超级稻也罢，都不是个人凭兴趣单打独斗，全是有计划有组织的国家行为，这些举措又都有着深刻的时代背景。在诞生矮秆稻的20世纪50年代，化肥普及后，高秆稻的倒伏现象突出，台风频繁的东南沿海地区问题更甚，所以受灾严重的广东和台湾最先着手解决此问题。1949年新中国的人口才5亿出头，1970年已经超越8亿，粮食产量亟待跟上人口的猛增。正是三年经济困难时期（1959—1961年）的严重粮食短缺，令当时还在湖南安江农校的袁隆平立志用科学技术击败饥饿威胁。恰在1960年，他发现了一株变异的天然杂交稻，第二年即着手从事雄性不育试验，而1958年中科院开始进行高粱雄性不育系研究并成功应用，也给了他很大的鼓舞。1996年，我国粮食总产量首度突破5亿吨大关，人均粮食占有量首超400千克，钢产量也首破1亿吨跃居世界第一，国内经济发展态势一片大好。当年国内人口已达12.2亿，同时耕地减少加快，人均耕地面积降到不足1.6亩。国外，联合国粮农组织在意大利召开了世界粮食首脑会议，通过了《罗马宣言》；日本水稻超高产育种15年计划到期，但未能达成目标；还需提到的是，就在前一年，一个叫布朗的美国人出版了《21世纪谁来养活中国人？》一书，正是这个世纪之问极大地触动了国内稻作界，黄耀祥、杨守仁等稻作学家纷纷上书建言。选在1996年给超级稻立项，是未雨绸缪的战略布局。国家看清了国内外发展大势，也迅速回应了相关担忧和关注。

新中国的农业科技服务体系十分完善，机构数量和职工员额均为全球之最。除了上千家中央、省、地三级公办的农业科研院所，还有上百所涉农高校，农业管理部门设立的农技推广站（或"农牧站"）、种子站、农机站、土肥站和植保站已形成绵密的网络，覆盖了所有乡（镇）基层单位。以上综合在一起，汇聚成了空前强大的包括稻作科技在内的农业科技研发和推广力量。一个新稻种只要进入这个体制，当年就可在县域范围内覆盖过半水田，只需几年就能成为全国范围内的主流品种。

先进的现代科技释放了水稻的生物潜能，社会主义的国家体制又释放了中国的社会潜能，双轮驱动下的中国稻作取得了世界上最辉煌的发展成就，没有之一！以"80后"为界，之后的几代中国人已不知饥荒为何物，多少年来压在中华民族头顶上的缺粮阴云终于消散了。新中国成立初期的1950年，我国水稻的平均单产只有2.21吨／公顷，到1995年已达5.93吨／公顷，45年间增长了近1.7倍，与此同时稻谷总产量增加了2.2倍。1997年，我国稻谷总产量首次突破2亿吨，当年稻谷总产量占粮食总产量的41%，稻谷亩产量则达到421.3千克。目前袁隆平的超级稻亩产量已高达开篇所述的1203.36千克。不论是稻谷的亩产量还是总产量的增速，都追上并超过了人口的增速！有了水稻，我们就能用仅占世界7%的耕地养活占世界22%的人口。

五 — 与稻共舞：
人稻互动下的演进史

一石激起千层浪，农业的诞生极大地推动了自然环境及人类社会的演进。农耕对地球表面的渐次改造，使得在太空中第一次能见到人类活动的痕迹。在南方地区，水稻自驯化之初就是强力搅动社会文化变迁的暴风眼，隋唐以降，水稻又成为整个中国社会持续稳定的压舱石。

稻与人口："育民人者，稻居什七"

五谷之中，稻米最养人。先做个小科普，根据现代科学对传统谷物品种的精确计算，在热量方面，每公顷小麦能养活3.67人，玉米能养活5.06人，水稻则能养活5.63人。今天，小麦的单产数据与水稻相比，劣势并不明显。但农业现代化之前，两者差距甚远。例如19世纪的法国，1公顷牧场所产肉奶的热量约34万卡，1公顷小麦可为人提供热量近150万卡，同面积的水稻则可产出热量高达735万卡的大米；在营养方面，每公顷小麦所含蛋白质可供2090人一年之需，玉米可供1921人，水稻则达2132人。大米中蛋白质的比例低于小麦和小米，但单位面积中的蛋白质总供给却略高于小麦，远高于小米。生物价（营养学名词）是评价食物中蛋白质的消化率和利用率的重要指标，也就是衡量我们吃下的氮素中能留住多少来合成人体蛋白质。稻米的生物价高达77，在谷物中排名最高，比粟、麦、豆以及高粱、玉米、马铃薯都要高出一大截，超过猪肉，比肩牛肉。若论蛋白质的质量，稻米蛋白也是谷类蛋白中的佼佼者。稻米氨基酸构成平衡合理，特别是赖氨酸含量高于小麦等其他谷物，并含有玉米所缺乏的色氨酸。而赖氨酸和色氨酸都属人体必需氨基酸，所谓必需就是说我们自身无法合成。稻米还有较丰富的精氨酸，这是婴幼儿发育和伤病者恢复离不开的。再看膳食纤维含量，稻米恐怕要排在各种谷物的末尾。这在吃惯精加工谷米的今人看来是个缺陷，可对于古代但求果腹的民众来说却是个突出优点。古人看重的是，吃同样多的粮食，只有大米饭最"给力"，他们最不缺的就是粗纤维。古代医家对稻养人也给出了解释，《黄帝内经》说稻"得天地之和"，《调燮类编》亦说"得中和之气"。

早在5000年前，稻米的作用已崭露头角。它供养了两万居民规模的良渚城——那时神州大地上最大的城市。时隔不久，十里岗和城头山所在的澧阳平原中部再一次令人惊叹，石家河文化时期的遗址群异常密集，相邻遗址间的距离竟都不到一千米。相比于同时期的北方，那时的楚越之地并非地广人稀。

　　9世纪以来，水稻这种高产粮食作物养活了世界上最多的人口，创造了农业社会人口密度的最高纪录。我们在粟作时代和稻作时代各取一个年份来作对比。西汉是粟作主导的时期，元始二年（2年），全国人口总数为5959万，其中北方约占总人口的78%，南方约占22%。当时华北大部分郡县的人口密度在每平方千米100人以上，颍川郡（今河南禹州）每平方千米超过了200人，同期南方人口最繁盛的广陵郡（今江苏扬州）只有18人。再看元代，此时南北各地均在庞大帝国版图之内，美洲作物尚未传入，南方传统稻作在唐宋大跃进的基础上继续发展。至元二十七年（1290年），全国人口为5952万（不含岭北、云南），同样是统一状态，同样是接近6000万人，但南方各行省人口占比高达85%，北方只占15%。其中，江浙行省是元王朝治下人口最密集的行省，太湖周边地区每平方千米都聚居了300人以上，到了明代已超400人。南方人靠水稻打了一个翻身仗，所以明代宋应星说："今天下育民人者，稻居什七。"

　　今天，我国人口密度第一的省份仍是江苏，当中又数长江两岸人口最为稠密，苏州、无锡、常州地区每平方千米超过了1000人，这个密度是今天亚洲各大稻作区的常见水平。世界范围内，人口最密集的国家是孟加拉国，它是位于恒河三角洲上的稻作国家。印尼爪哇岛、越南的红河三角洲和湄公河三角洲、泰国湄南河平原、缅甸伊洛瓦底江三角洲、印度恒河平原、巴基斯坦的印度河三角洲等水稻产区都是出了名的人口稠密地区。

　　有人注意到关中咸阳地区的人口密度，在秦汉时期已然过千，然而这里头有其作为京畿地区的缘故，是个特例。我们更应注意在近似条件和长时段下各个粮作区的表现。历史已经证明，高产稳产的水稻栽培区人口集中度更高，人口集中趋势更持久。不过，只盯着稻养人的一面不足以完全解释稻与人的关系，还应看到稻也需要人来养，即是说水稻栽培要求投入非同寻常的大量人力。唐代管理屯田的官员做过统计，种粟所费的工日是种稻的三成，种豆只是种稻的两成，种黍和麦还不到两成。后来种上双季稻后，农民花在水稻上的工夫增加了一倍，还得在炎炎夏日进行"双抢"（抢收、抢种），在20天左右的时间里紧凑地完成早稻收割、犁田和晚稻插秧，必须要有充足的人手。况且，稻作社区同时是个需要集中众多劳力的水利社区。稻作社会就在"稻养（需）更多的人——人需更多的稻"之间不断往复和相互强化，如此循环下去，难免会出现农业内卷化。人多到饱和，就不会采用节省人力的大型设备和先进技术进行耕作，反过来更加依赖人力，从而陷入一个僵局。如前一章所述，稻作简直是一个消化劳动力的无底洞，能够达到劳动密集型粮食生产的极限。

　　明末徐光启对"南人太众，耕垦无田，仕进无路"并导致"末富、奸富者多矣"深感忧虑。一口人所用的量词"口"实在精绝，多一口人多一张嘴，就有吃饭、住房、上学、就业和就医的需要，超量人口放大了种种资源分配矛盾，人口问题成了近现代中国一连串社会问题的一大总根源，整个国家不得不负重前行。换个角度，"人众者胜天"。我们的体量优势明显，再大的困难分摊到数以亿计的国民身上也成了小事。

数千年以来，人口增殖史就是一部水稻增产史。我们中国之所以能成为世界上人口最多的国家，我们中华民族之所以能成为世界上成员最众的民族，相当大程度上是水稻的功劳。当人口基数达到一定规模，量变就会引发质变，开始深度参与塑造我们独特的中国社会和历史。

稻与政治：超稳定的社会

在征粟的时代，中国社会相对动荡，尤其是北方战乱不断，地方割据和农民起义此起彼伏。唐代以后，情况就变了。晚唐发生了几件事，比如，大运河开始真正发挥南北大动脉的作用，首次实现了一年北运300万石漕粮；首次实行两税法，在粟之外加征稻麦；稻作走上精细化大道，单产首度超越了小麦，更遑论超越粟。统治者一旦发现稻的好处，便不再释手。相比之下，粟产量低，陆运费用又高。从此每年漕运三四百万石南粮就成了历朝惯制，一直延续到清代。如果人均日食一升，这么多米粮够100万人吃一年了，朝廷有了如此庞大而可靠的粮食来源，只要稍事节俭，维持正常运转肯定不成问题。

换作北方的粟麦，朝廷在正常年景要征调三百多万石也不难，何必舍近求远呢？朝廷主征稻米还有着多重考虑。第一，国家经济重心在那儿。中唐已是"赋出于天下，江南居十九"，以至于"天下以江南为国命"。宋代流传"苏湖熟，天下足"。太湖边上一府产量就敌他地一省，这比多地平摊再化零为整省事得多，加上有运河直达，政府可以节约不少征管和转运成本。第二，水田环境比旱地稳定，太湖地区都是高产熟田，江南稻米的收成比北方旱谷稳定，相比漕粮的生产环节，问题更易出在漕运途中。旱作就不一定了，比如说关中粟作区耕地退化，再如河套地区持续沙化。第三，贵族和官员的饮食偏好。稻米在京城是上等细粮和远方珍物，皇室和贵族的消耗量不小。自两宋始，皇族虽是北方人，但朝中百官、京城万吏，加上商人匠人，却大多是南方籍，他们保持着吃大米饭的习惯，如果长期吃不上就不能愉快地工作了。第四，南方气候不利于粮食就地存贮。唐代就有规定，江南作为"下湿之地"，官仓储粮以三年为限，到期的糙米要"远送京纳"。北方更干冷，粮食保藏年限更长。第五个原因很重要，是为了削弱和控制江南。南方远离北方政治中心，又因稻作而人丁兴旺、钱粮丰足，就有了割据一方甚至称王称霸的条件，历史上还有过不少成功的事例。自秦始皇就猜忌"东南有天子气"，中央政府很有必要采行强干弱枝之策，故意把江南的家底抽掉大半，使其丧失威胁朝廷的经济资本。

朝廷为了防范拥粮自重，制造了江南重赋和江右重赋，但两个重赋之区始终没有爆发大的变乱，当中有宋明理学对人民思想的束缚，有科举制度对乡村士人的安抚，但根本上还是要归因于稻作。只有水田经济才有如此高的粮食产量和劳动力吸纳能力，从而获得如此高的"抗压"能力。稻作经济还建立起世界上最为紧密的人地关系，令稻作社会成为最安土重迁的社会。相比来看，北方旱地容易沙化或盐碱化，日渐走下坡路；南方精耕细作下的水稻土不仅不会退化，还能越来越肥美，水田是越种越肥沃。朝廷很难去跟踪和管理狩猎民和游牧民，旱作社区难免在灾年会外出逃荒，南方稻作区几乎没有逃荒一说，水稻的出色潜力把农民牢牢地拴在了土地上。宋代还是官民比例急转直下的时间点，唐初官民比例为1∶3827，也就是平均3827个平民养一个官员，百姓负担已是汉代的一倍，宋初变为1∶1252，又是唐代的两倍多，清代康熙年间已臃肿到1∶911。明洪武十九年（1386年），松江府苏州府员额超编案发，两府分别超编1350人和1521人。亲自督办此案的朱元璋很是摇头："若必欲搜索其尽，每府不下二千人。"我们可以解释成皇权专制的强化或封建体制的弊病，但客观上也说明这颗寄生瘤能从水稻经济中吸到许多血。

我们可以说，因为有平旷而肥沃的水田，兼有直联京城的大运河，江南平原地区成了政治和生活都很安定的稻作社会。可是，在远离北方政治中心的东南边陲地区又是靠什么来维持社会稳定的呢？直接的答案是宗族，最终的答案还是稻作。"打虎亲兄弟，上阵父子兵。"血缘关系至为亲近、可靠且无法变更，因而血亲团体十分稳固，以父系血缘为纽带联结起来的宗族更强化了这一点。宋以前，聚族而居的风习北盛于南，之后就倒过来了，自长江中游至东南沿海，从江南丘陵地区到华南三角洲平原地区宗族势力普遍强大，每个宗姓都有自己的族产、族规和族长，是维护农村基层社会稳定的重要力量。今天的赣湘闽粤，再加皖南、桂东，依然是村村有宗祠、姓姓有族谱，每年都定期举办盛大的集体祭祖仪式，这在北方及江浙就少有了。"地尽而山"，最初被迫迁入东南山区拓殖的北方汉人面临着险恶的生存环境，一面要抵御亚热带山林中猛兽和瘴疠的威胁，一面还必须与山地土著民族争夺土地和水源，尽快兴修水利、垦辟梯田。山高皇帝远的深山老林里，官府的力量鞭长莫及，移民们唯有自己抱团取暖，他们必须借助宗亲纽带团结起来保卫家园，并借此彰显自身在文化等级上的优越地位。结果，南方农村绝大多数是单一姓氏村庄，罕有多个姓氏杂居的村庄。后来宗族掌控资源的能力太过强大，附近没有血缘关系的异姓散户只好改姓加入族籍才能求得生存。东南山区的宗族能如此发达，是边陲地带自卫的需要，当然也要靠稻作经济的支撑。水稻栽培是生产率很高的农业，既能供养大量的人口，也能积累可观的财富。东南丘陵的土著民族也是农耕民族，不过从事的是畲耕，根本无力与精耕细作的汉族稻作农业竞争。水稻农业有条件置办全族共有的财产，比如祠堂和族田。族田又包括祭田、书灯田和抚恤田，分别资助祭祖大典、教育族中子弟和照料伤病孤老，承担着公共服务和社会保障的职能。在广东，无论是客家地区的围楼高墙、广府地区的祠堂灰塑，还是潮汕地区的祠堂嵌瓷，建材中都要用到稻草和糯米饭，更别说整栋建筑都是用族田出产的稻米换钱修成的。强有力的宗族组织有利于山区农田水利开发和土地规模扩大，梯田稻作反过来又促进了宗族力量的壮大,稻作生产和宗族实力实现了同步增长。在年辈高的族长和出仕乡绅的共同治理下,即使"国权不下县",明清时期南方农村的自治社会亦能秩序井然。

学者们发现,不同规模的农用水利工程要求不同规模的社会组织来修建和维护。无论是塘浦灌溉的低地圩田还是溪流灌溉的山地梯田,南方稻作的水源问题都不是单家独户所能解决的,必须依靠村社共同体持续的集体协作,宗族就是村庄层级的权力架构,恰与稻作社区的水利建设规模相适应。北方旱作的水源是井水和河水,打一口井几个人就够了,家庭内部也能应付;但面对修造决河引水的大渠或遭遇大河泛滥,全村合力也无济于事,这需要国家层面的组织动员。所以,旱农最在意的组织层级是家户和官府,对宗族的归属感远不及稻农。

国外学者比较关注水稻与权力结构之间的关系。他们的逻辑是水稻是最需要治水的作物,水稻栽培需水量大,而大型引水灌溉工程需要动员组织协调大量人力,从而导致对国家力量的高度依赖,也导致东南沿海出现了发达的宗族势力。这类理论观点只符合部分实际情况,需要大幅修正。我国稻作区全部处在降雨较多的季风区,并不似沙漠地带的中亚、西亚和北非,亦不似雨热不同季的南欧(它们才更依赖灌溉系统)。在我们这片土地上,国家的出现远早于宏大的灌溉工程。中央政府确实主持过治理黄河和开挖运河,但极少直接组织大型灌溉项目。

以晚唐为界，封建社会的后面一千年显然更为稳定。虽然周边地区战乱不断，但南方稻作区一向没有出现大规模的动乱，直到清代太平天国运动爆发，这已是1840年鸦片战争后的事件，外来殖民压迫要负相当大的责任。不过，农业政权的老旧管治形式终将会碰到一个坎，那就是难以应对稻米滋养的越来越庞大的人口。

稻与文明（一）：从未中断的文明

我们常引以为豪的是，中华文明是世界四大古文明中唯一延续至今的伟大文明。今天我们中国的种族和文化与五千多年前是一脉相承的，而古埃及、古巴比伦、古印度的文明后来都中断过。人们会发现，四个文明都勃发于北纬30°左右的大河冲积平原，都是依靠栽培旱地粮作的灌溉农业，都创造了文字，都建立了等级制度，都面临着游牧民族的侵袭……大家既然拥有这么多共同点，那为何却有着不同的发展命运？还有古罗马文明，欧亚大陆另一端的发达农业文明，其发源地今天的文化样貌与当初相比已是面目全非。倘使一个汉代人在一千年后的唐代复活，他（她）仍会感到舒适自在，因为两个朝代从语言、文字、儒家学说、祖先崇拜到国家管理都是相同的。如果有位公元前1世纪的罗马人于公元1000年的欧洲复活，他一定会惊讶于眼前崭新而奇特的一切。假若换成是一位唐末的吴越人在一千年后的清末返生，他（她）看到的那个江南依然大同小异，而如果是位欧洲人则会见到天翻地覆的反差，怕是要惊掉下巴。为何中华文明走上了迥异的演进道路？

要论原因，主要在两大差别。一是农作物不同。众所周知，我们黄河流域早期靠的是粟作，其他三个文明靠麦作。不过粟作文明与麦作文明的差别有限，小米常用作煮粥，小麦多用来磨面，况且我们的旱作是同时包含了粟和麦的旱作；黄河流域早期黍粟相配，黍作为先锋作物，西亚有大麦与小麦配伍，大麦更耐寒抗旱；另外东亚和西亚都种豆。真正的差异在于，我们不是旱作独自在战斗，而是有水稻与之并肩作战。水稻与旱作这一对好搭档，无论在旱涝还是寒暑上都是强烈互补关系。在万邦并列的时代，一个小国去攻打另一个小国，不一定是因为有多么大的争霸雄心，可能只是为了夺取山下或对岸的一片与自己不一样的农田，这样就算是原有的田地歉收，还能指望收成较好的另一片。那个时代，一个国家要长期生存，一个文明要延续不断，就必须同时掌控多种类型的农业区域。在五千多年以前，是稻作发出的第一道文明曙光划破了东亚的漫长暗夜，有可能激发了，至少是影响了最早的黄河旱作文明。粟作创造了中华文明的辉煌高峰，但也碰到了所有旱作文明通有的后继乏力问题。当北方的沙化和盐碱化像一头灰犀牛渐行渐近之时，幸亏南方稻作正渐入佳境，水田是越耕越肥，保障我们文明发展的物质基础依然稳固。不断走上坡路的稻作最终在唐末引发了全国经济重心的南移，紧接着的是文化重心的南移，后者始于东晋兴于晚唐而定于南宋，民族文化在旱作文化搭建好的基本骨架上又得到了稻作文化血肉的极大充实。此后，南方稻作和北方麦作开始携手催动我们的文明脚步继续迈进。所以说，中华文明是旱作和稻作双脐带滋养的文明，长江黄河两条龙相互竞争、相互补充、相互促进并相互融合，因而包藏了巨大的发展潜力和活力。其余三大古文明单纯依靠旱地农业，迟早要遇到难以突破的旱作发展瓶颈。

二是幅员上的差异。我们先来对比一下世界上最古老的几大农耕区的面积：尼罗河三角洲2.4万平方千米；两河平原20万平方千米；印度河平原27万平方千米，但包含了许多沙漠地带。华北平原多大？现在有31万平方千米，南边连着20万平方千米的长江中下游平原，还没算上黄土高原的广大宜农区域。面积大到一定程度就能决定命运的不同。首先，当然意味着粮食多，人口多。黄河不时泛滥成灾，游牧民族又不时纵马南侵，这两大隐患都令中原的华夏民族必须实现政治的统一，直至高度的集权，以便组织起来办大事。人多力量大，庞大帝国诞生后就能建造出长城、大运河这样浩大的工程。农业民族人口基数大了，即使打进来的游牧民族能成功夺取政权，也无法实行灭绝政策，占人口少数的执政民族最终总是难以摆脱被汉文化的汪洋大海浸润同化的宿命。其次，面积越大抗灾能力越强。幅员辽阔就能包含多种气候类型和流域类型。其他几个文明区都处在单一气候带内，只可种同一类粮食作物。尼罗河和印度河虽是南北流向，但其农业高度集中在末端狭小的三角洲。我们则地跨温带、亚热带及热带。其他三大文明都是一条河，古巴比伦新月地带说是有幼发拉底河与底格里斯河两条，实际上它们最后汇流成阿拉伯河。我们有两条大河，且为东西流向，在中下游距离最近时也相隔400多千米，形成了平行相邻的黄河流域旱作区和长江流域稻作区。此等地理形势对国家的粮食安全意义重大，使得统治者在辖境之内调剂余缺、优配资源的回旋空间很大，一方面特大帝都的粮食安全无虞，秦汉以来有东粮西送，隋唐以来又有南粮北运；另一方面若遇一地灾荒，可以得到帝国版图内其他地方的援粮。再次，面积大等于战略纵深大。从长城边上的张家口到长江边上的南京城，直线距离超过1000千米，还跨越长江天险。退一步讲，即便侵略者的铁蹄能直抵长江北岸，经一路抵抗消解也成强弩之末了。广州更在长城以南2000千米外。西晋灭了，还有东晋；北宋亡了，还有南宋；从南朝的宋齐梁陈到南明的小朝廷，南方稻作区一次又一次地成为庇护文化精英和延续中华文明的避风港。相较之下，其他文明古国，包括古罗马帝国，缺乏可以退避迂回的余地，更易被北方蛮族一竿子捅到底，横扫文明腹地，带来种族成分、生产生活方式和社会文化形态上的全面剧变。

　　再说说中国历史上的特例。蒙元是首个统一全中国的少数民族政权，把南宋的末代皇帝赶下了南海，以至于有人慨叹"崖山之后无中国"。然而，灭宋之功却不能算在忽必烈一个人头上，唐以后气候趋冷，宋代人口开始聚向南方，造成北地相对空虚，这是有利于草原民族南下的天时。要知道，我们印象中不堪一击的弱宋其实坚持抵御北方势力长达319年。其间，

联合女真人灭了辽，又联合蒙古人灭了金，金亡后南宋国祚还
延续了45年，如果没有稻作区的强力支撑是难以想象的。当时
的蒙古人可是处于欧亚大草原游牧势力的巅峰状态，西向的兵
锋直抵多瑙河畔和地中海海滨。从东胡人、契丹人、女真人、
蒙古人到满族人，东北的大兴安岭中段孕育了一代又一代的游
牧民族，他们都是先在森林地带从事游猎，然后南徙成为游牧
人，接着继续南下的支系接受汉人影响进入半农半牧状态，奏
唱的是不断壮大的三部曲。满族人是第二个取得了全国政权的
少数民族，但必须指出，入关前夕的满族并非纯粹的游猎民
族，而是耕猎结合的民族；入关以后的满族亦非单独执政，实
际上是满汉共治。无论元代还是清代，汉人仍是主体，农耕仍
是主业，典章文物依旧，中华文明的主脉并未断裂，相反还得
到了一定程度的充实和丰富。

　　不过，以上两个原因并不能解释所有疑问。且不论保持文
化高度统一和稳定的方块字、重文教而轻血统的中华观、"为往
圣继绝学"和"天下兴亡匹夫有责"的士人精神，我们还应看
到，东亚农耕区得天独厚，全都位处降水丰沛且雨热同季的季
风区。埃及开罗的年降水量仅20多毫米，伊拉克巴格达的年降
水量在150毫米上下，我国北京在600～700毫米之间，南京则达
1100毫米，我们的农业用水并非单纯依赖河水或井水灌溉。然
后，我国的大平原农业极利于形成统一的民族、语言和文化，
不管是北方人称帝还是南方人掌权，都不影响全民族的文化根
基。在东方民族眼中稻作就是一张文明的入场券，凭借稻作民

族人口、经济与文化的优势，东亚国家容易出现单一民族独大的局面，日本的大和族、韩国和朝鲜的朝鲜族、越南的京族、柬埔寨的高棉族和菲律宾的马来族无不如此。再有，多亏了我们精耕细作还有用地养地相结合的农业传统，令中华文明打破了其他古文明长期农耕必然导致地力衰竭的魔咒，其中，唐宋开创的江南稻作模式居功至伟。

稻与文明（二）：走向世界的文明

水稻农业是理解中国文明史的一把钥匙，也是探究亚洲诸文明间联系的重要线索。四千多年前，栽培稻已传至东南亚、南亚和朝鲜半岛，这几处相隔千里万里，却用近乎一致的方式种稻做饭，讲述着大同小异的农业神话传说。距今2500年左右，也即是春秋与战国之交，中国稻作文化开始向境外强势输出。有两大特点：一是多路并举，一是与金属文化一并传播。这一时期是朝鲜半岛的"青铜时代"晚期，随着铁器的输入，终于普及了水稻种植及来自中国的稻作技术，同时华夏制陶技法也相伴传入，令朝鲜无纹陶上出现了新的纹饰。今天我们知道，打糕和稻草屋顶是朝鲜传统文化的著名标志。大约在公元前300年，东渡日本的中国移民开创了全新的"弥生时代"，他们带去的稻种和先进的稻作技术终结了当地原有的采集渔猎生计，带去的坚固铜器令土著的绳纹陶器相形见绌，日本列岛从此告别蒙昧跨入文明。稻米在这里被尊为"银舍利"和"国米"，寿司和清酒等米制品成了大家熟知的东洋文化特色。差不多同一时间，我国西南稻作区的铜鼓传至红河下游的越南北部，"东山文化"作为东南亚首次出现的青铜文化随之兴起，此后继续向东南亚传布，并直抵印度尼西亚最东端。可以说，哪里开始响起铜鼓声，哪里就在种稻。不是说铜鼓本身有多厉害，是铜鼓背后的青铜冶炼技术厉害，有了金属农具，栽培稻才有机会在新的移民点站住脚跟。结果东南亚的种族格局大变，南下务农的蒙古利亚人种全面取代了当地的尼格利陀人（属于尼格罗—澳大利亚人种），并导致了南岛族群在广阔的太平洋及印度洋上扩散。全东南亚与我国南方民族地区在用糯米祭祀、用手抓饭、吃竹筒饭、吃粞米、赛龙舟和拔河等众多习俗上相似，再加上日本、韩国、朝鲜，皆属同一个稻作文化圈。有人进一步发现，该文化圈的居民都是黄种人，都不搞畜牧业，却都爱上了种茶喝茶，还都喜欢酿制豆豉和酱油。这亦是一个稻作文明带，因为两千多年来，圈内的铜铁工具支撑着稻作，稻作经济又支撑着各处的王国、城市及壮观的寺庙。

古代的稻米之路不同于丝绸之路。稻种并非单向传播，我国在唐末宋初引进占城稻之前，还传入过印度的籼稻和朝鲜的黄粒稻；丝绸是仅供王公贵族享用的奢侈品，稻米却能造福广大普通民众；丝绸一来到万里之外的富贵人家就可穿戴上身并一展绚丽，立时获得赞叹和追捧，稻种初到外埠却需要耗费多年时间适应气候、水土，并静候当地人学会怎样种出来，之后才有可能被接纳。所以说，稻作的传播必是伴随着稻作技术的传播，也必是包含着稻作文化的传播。它的传播虽较慢，但一步一个脚印，走得特别扎实。

农史学家指出，人类的全球化始于农业的传播，水稻于早期全球化的历史中确实占有一席之地。其中里程碑式的事件有：在公元前4世纪就经亚历山大大帝之手带入埃及；7世纪时跨越太平洋传至复活节岛；1740年居然成了英属北美殖民地的第三大农作物（仅次于烟草和小麦）……稻米虽走向了世界，但稻作文化却没能冲出亚洲。与亚洲稻作文化圈截然不同，在异域人眼里的稻米，早期是一种稀奇的进口商品，后期只是一种穷人的食物或创收的出口货物。相对来讲，南欧人更亲近稻米，喜欢将之做成菜肴或小食，并且在麦作文化氛围中新创出大米面包和大米蛋糕。阿拉伯人比欧洲人更早接触水稻，麦克鲁白（鸡肉抓饭）是他们的传统美食，与西班牙海鲜饭和意大利烩饭齐名。稻从未成功打入其他大洲文明的内部，主要表现在米饭不具有神性，不用作祭品。非洲东部的马达加斯加也许是唯一的例外，史前就有南岛族群从印度尼西亚或马来西亚出发漂流万里登上该岛，带去了成体系的东方文化，从梯田到居屋，处处流溢出显而易见的亚洲稻作文明色彩。

在稻作农具传播方面，牛耕在东汉时传入越南，水车在唐代时传入日本，还有一个具有广泛国际影响的事例。17世纪，荷兰殖民者在印度尼西亚爪哇见到了当地华侨使用只需一头牛拉的江东犁，赞叹不已，回头改造了自己笨重的欧洲犁（需6~8头牲畜拉），很快它又从荷兰传入北美。西方人在中国犁基础上又进一步改造出钢架犁，触发了欧洲农业革命，到18世纪70年代，江东制式的新式犁已全面取代了传统欧洲犁，同期欧洲工业革命也开始了。

哥伦布探险之后，稻米之路又大大延伸，殖民地稻作与资本主义之间的关系是近现代经济全球化的一部分。围绕着欧洲裔的种植园主役使非洲裔的黑奴（来自有稻作经验的西非），在原属印第安人的美洲土地上垦种稻田，贩米到西北欧各国市场时又遇到东南亚稻米的激烈竞争，其中故事不少，但这已是另一个话题了。

稻与经济：商品化和资本化的历程

人类最近一千年的历史中，水稻能在粮食作物界独领风骚，显然与其在经济方面的优异表现分不开。若比试经济系数（作物学名词），水稻能在禾谷类作物中夺魁。小麦和玉米的经济系数多在0.35上下摆动，不会超过0.4，而水稻的平均经济系数是0.47，早稻最高能到0.6。0.6的意思是，假设一亩稻田总共长出了1000千克干物质，能收获600千克稻谷，剩下400千克是秸秆。在地力相仿、水肥类同的情况下，水稻的干物质积累和有效产量都要比旱地谷物多。当今三大谷物中，稻米的碳水化合物占比最高，接近80%，就是说同样重量的谷物中稻米所含的能量最高。华南地区可以实现一年种植三季，江淮地区可以进行稻麦轮作，黑龙江一季稻也能达到亩产840千克。在经济性能上如此卓越，兼之食味好、消化易，最终成了20多亿亚洲人的主粮，水稻种植和稻米加工还是亚洲及非洲数亿户家庭的主业和重要收入来源。2002年，世界水稻栽培面积1.47亿公顷，总产量5.76亿吨。因此，水稻生产具有十分巨大的规模优势。按理说，这样的作物应该是商品化的模范和资本的宠儿，可事实并非如此。

20世纪90年代国际稻米贸易最兴旺的时候，全球稻米贸易量也仅占稻米总产量的5%～7%，21世纪初还略有下降；1993年小麦的比例是17%，2018年则达23%；2013年玉米的比例是12%。几乎所有稻米生产大国同时又是稻米消费大国，其出口比例低，有限的商业流通主要发生在国内。

关于稻米商品化程度之低，我们可以列出不少的影响因素，像文化上对稻农观念的束缚，广西的红瑶人就不售余粮，贩卖稻谷被看作败家之举，与卖房屋土地一样要受到舆论谴责，卖谷人在寨子里是抬不起头的。其中龙胜山区的瑶族种稻只为自己能喝上两口米酒。当然，不是所有民族都这样，苗、侗族盛装妇女满身的银饰就是祖辈用稻米、木材及猎物换来的。还有地理上对稻田分布和外销渠道的限制，但最大的障碍还是水稻自身的特性。水稻确实是产量潜力无穷的黄金作物，然而这座富矿却深埋地底难以开挖。千年以来，我们中国的稻农都是靠"粪大力勤"逼出高产，当中洒下了无尽的辛勤汗水，直至最近一个世纪，才靠着科技和组织的力量令水稻单产有了新的跃升。在传统社会中，水稻栽培与人多地少仿佛陷入了相互加强的无解轮回，注定了要走上与小块土地分散经营相配合的小农经济道路，无从吸纳外来雇工劳动，生产发展的方向不是为了提高个人劳动生产率和企业总利润（必须计算雇工劳动力成本），而是为了提高单位土地利用率和家庭总收入（无须考虑家人劳动力成本）。

传统水稻农业作为自产自食的小农经济，收成中除了一部分交皇粮、田租，极小部分换盐、铁，剩下的都自家用。只有封建时期官府在丰年高价收购又在荒年低价出售的"平籴"制度，还有变相鼓励售卖糯米以供酿酒的"榷酒"制度，偶尔会给这一潭死水激起一丝涟漪。不过，商业发达地区家庭副业的发展撕开了稻作区自然经济的第一条裂缝。随着人口不断增长，人均耕地面积还会持续下降，家庭剩余劳动力只得进一步向副业转移，依靠副业收入来买米吃。如果地处交通便利、贸易活跃的区域，同样大小的耕地改种经济作物或同样长短的工时改做手工业就可以取得更丰厚的报酬。明代，江浙地区因改种桑棉而需要大批购进湖广稻米，在苏州成为丝织业中心、南京成为棉纺业中心的同时，江西九江、江苏无锡、安徽芜湖和湖南长沙（一说湖北沙市）"四大米市"应运而生，四地同为长江南岸大港，米多船也多。同期的珠三角地区也要籴入广西稻米，原因正如《广东新语》所言"以稻田利薄，每以花果取饶"。还有当时闽粤沿海兴起的"蔗争稻田"现象。广州和佛山两城的工商业繁荣起来后，致使清初的广东缺粮更甚，广西要专设"备贮广东谷"以供东输。"东米不足，西米济之；西米不足，洋米济之。"清至民国，广东还要从越南、泰国和缅甸进口大米。粮食中数稻米的消费面最宽、市场敏感度最高，因而南方的早籼稻往往在全国粮食市场的价格行情中引领涨跌。亚洲稻农不仅是自己生产、自己消费，而且是自己加工，资本在稻米的加工环节亦无机可乘。一直以来，95%以上的稻米都进了人的肚子，剩下的很小部分是黏糯米，在古代要么砌了城墙，要么浆了衣服，要是拿来酿米酒或做点心，那也是要进肚的。一定要说复杂点的加工，那就是做成米粉（米线）了，仍属小作坊式的浅加工。今天的小麦产量有三成要用于饲料和生物燃料生产，而玉米产量中直接食用的比例竟不到一成，多达60%的玉米做成了饲料，还有约30%用于酒精工业和深加工，资本在其中就大有可为。

资本投入稻作的第一个大手笔，就是实现了美洲水稻的机械化生产和加工。美国的路易斯安那州自19世纪50年代开始利用蒸汽机驱动大型低压水泵，跨过密西西比河的河堤抽水灌溉稻田。不迟于19世纪90年代，水稻割捆机、蒸汽拖拉机还有打谷机已广泛应用于美国稻作区。民国初年，苏沪地区已有出租抽水泵业务，但生意不佳，大多数稻农宁愿继续用慢悠悠的龙骨水车，即使踩上一天仅能让一亩稻田的水面高出10厘米，也不想花钱。如果付钱雇泵，闲下来的人除了去城里赌钱就没啥营生可做，何况雇帮工往往比雇机器还便宜。即使到了今天，水稻的机械化收割的损失率仍要高于小麦。这些大型农机在劳力严重过剩、土地极端紧缺的亚洲没有什么市场，我国东北地区则是一个例外。不久，"工业化"再一次充当资本成功渗透进稻作的开路先锋，这次轮到了化学工业。整个20世纪我国持续推广化肥和农药，改革开放之后稻田中用量大增。20世纪80年代中期，我国稻米终于启动了实质性的商品化进程，契机有二。一是改革开放政策激发起南方农民外出务工潮，种稻收入跟打工所挣的钱比起来已微不足道，拿工资买米吃的农民工队伍日渐壮大。2004年国家直接补贴种粮农民，紧接着2006年取消农业税，来提振农民种稻的积极性，同时稻田逐渐向专业种稻的种植大户集中。二是水稻旱育稀植技术取得突破，东北快速成为我国重要的商品稻生产基地。

国家经济的转型升级不是改变我国传统稻作方式的唯一因素，农业科技的飞速进步是另一大推手，不过前者只是无意间波及了稻作，后者则一开始就怀着改造传统农业的雄心。值得注意的是，雄厚的资金总是与先进的科技如影随形，现代科技有如威力无比的大炮，终于轰开了传统稻作的最后一座堡垒，资本趁机从新的缺口涌入。杂交稻无法像农家品种那样自留种，否则下一代种子种下后必然会发生性状分离，无法继续保持亲代的优良品性，所以稻种只能用一次。想得到杂交稻种怎么办？只有花钱找种子商购买，即商品化率100%，同期常规稻种为70%。近年来，我国每年的杂交稻需种量都在2.4亿千克以上，市场规模在140亿至170亿元人民币之间。再说垄断程度同样高的转基因作物，国际上引入一个新的转基因性状的平均研发费用为1亿美元。2004年我国花费5亿元人民币用于开发转基因水稻，2008年国务院通过了"转基因生物新品种培育科技重大专项"，投入资金在200亿元人民币以上。农耕本就周期较长，收益率低且不说，还要"靠天吃饭"，所以资本不喜欢农业。在农业中，资本尤其不喜欢劳动密集型的亚洲稻作。然而近40年来，从杂交育种技术到智能灌溉技术，从海水稻到沙漠稻，再到太空稻，有了现代科技的大力襄助，稻作农业也开始令投资人遐想了。

稻与科技：潜力挖掘机

水稻潜力奇大，可在隋唐之前还是低产作物。中国人民是勤劳智慧的人民，稻田产量能不断提升，靠的就是历代劳动人民的勤与巧。其中，科技就像是一台水稻潜能挖掘机，辛勤耕耘则为它提供了不竭动力。此处的科技是从广义上来讲的，包括了古代农学知识和农业技术。中国稻作技术繁杂精妙，下面只能着重介绍其技术发展的端绪与概略。

大致说来，我国古代稻作技术先后经历了象耕鸟耘、火耕水耨、铁犁牛耕、粪大力勤等几个发展阶段。象耕鸟耘牛踩田是原始的动物踩踏农业阶段，烂泥地经蹄爪践踏就算耕耙过了，收获量可想而知，那时种稻只是渔猎之余的一种调剂，远非人们生活的全部。由人鼓动的水牛互斗算是蹄耕的高级形式了，今天西南地区的斗牛已转为一种旱地娱乐活动。火耕水耨参考了刀耕火种式的原始旱作技术，前期借用火力，后期改借水力，能兼收施肥、整地、灌溉、除草和杀虫之效。这种耕法虽粗放，但人们毕竟更主动了，粗放表明当时人少地多的南方允许广种薄收，主动则表明稻米已成为人们不得不倚重的主要食物。铁犁牛耕随着大量移民一起来到南方，从此稻作走上了精细化的道路。铜不如铁质坚，人不如牛力大，耕牛拉铁犁可以实现深耕，耕田质量和劳动效率皆大幅提高，紧接着稻米单产和人口数量亦大幅提高。当发展到人多地少时，稻农开始拒绝先进省力的技术，放弃大型高效的工具，结果将江东犁换成了铁搭，甚至耕牛也不养了。人们一门心思就想着如何提高水稻的单产，为此哪怕投入再多的劳力和粪肥也在所不惜，这样就迈入了"粪大力勤"阶段。

传统稻作的最后一个阶段相当特殊，它在农业技术发展史上是一个停滞或者倒退的时段，在世界农业发展史上还是一个很具中国特色的时段。粪大力勤标志着稻作农业已经内卷化，稻作变成了一种生存性的农业，而非发展性的农业。既然事关农户生存，那水稻就是天，一切的生产安排和技术措施都必须紧紧围绕着它，即要竭尽所能为水稻提供最佳的生长条件。只要水稻能好好结稻谷出产量，农民可以不厌其烦地"三犁三耙""三耥九耘"，愿意花钱进城买人粪、油菜籽粕和黄豆饼回来肥田，更别说下河罱（捞）河泥和冬季种绿肥了……如果说中国的稻农把水田里的禾苗看作是自己的孩子，这绝不为过，父母会把最好的东西留给孩子，稻农也会把最好的东西留给水稻。在新中国成立前的苏州，每逢过年后，城里的粪霸就要给"黄粪"（人粪）加价，因为稻农乐意买，他们认为过年期间人们吃得好油水多，这时黄粪肥田的力道会更大。有的苏州农民为了培厚稻田的地力，买回黄豆，自己不舍得吃也不用来榨油，而是蒸熟后撒进田里。最后要收获了，吴地歌谣唱的是"轻割轻收轻轻放，颗颗粒粒要归仓"。以上种种，尽显江南农人待稻的赤诚之心。

近现代稻作和粪大力勤阶段的传统稻作看似相差十万八千里，却有一个共同点，它们都是拼命投入生产要素的集约农业。近现代稻作掷下的是大量土地、科技与资本，具体来说包括种子、化肥、农药、薄膜和农机，还有最新的无人机和计算机，它们都要耗费难以计数的外界能量与物资。17世纪，北美稻田已在使用马拉的大型脱粒和扬筛设备，以节省劳力。蒸汽机和内燃机相继发明后，驱动农业机械全靠燃烧煤炭和石油，所以又叫"化石农业"或"石油农业"；而传统稻作投下的是饱和的人力和农家肥，几乎全靠稻农自身的能量来驱动，个人的劳动生产率因此落了下风。稻农一味地掏空自己的体力和精力，关上了挖掘脑力的大门，到头来压抑了技术的创新发展。

然而，真正拉开两者差距的是育种技术。一粒草种，你给它施再多的肥，浇再多的水，顶多能长到人高，树的种子就不一样了，可以参天。欲使水稻产量能有质的飞跃，就必须在遗传基础层面进行有效干预，从根本上释放出种子对光热水肥的受纳和转换潜能。传统稻作技术无法深入这个内核，无奈地将重心放在了给水稻营造一个最优裕的外围生长环境上。我们的古人也很重视获取优良稻种，引进占城稻就是一个非常成功的例子，带动我国水稻产量上了一个台阶。但是传统选育很被

动，水稻是自花授粉植物，难以像玉米和向日葵那样进行自然
杂交，也就难以人为操纵各种基因间的分离与组合，只好耐心
等待有益基因突变的偶然发生，或者盼星星盼月亮似地看哪一
天能从远方传过来某个良种。现代育种方法在效率上完全碾压
传统育种，能很快将不同亲本来源的几个优良性状基因集中到
一个新品种中去，现今已实现了对包含特定性状新品种的定
制。并且，从人工诱变、杂交再到基因组编辑和转基因，从品
种间、亚种间再到远缘间，效能是越来越大。无论是矮秆稻、
杂交稻，还是超级稻，每一次的育种成功都能获得革命性的产
量突破。17世纪初，太湖边和珠江口的水稻终于达到了亩产400
千克的水平。2004年，袁隆平院士的超级稻在海南三亚首次迈
过了亩产800千克大关，14年后他又在河北邯郸突破了亩产1200
千克。所以说，一个老稻种花费上千年修得的性状改良成果还
不如今天一个新稻种用几年所增长的幅度。新世纪捷报频传让
我们觉得这些纪录都是纸糊的，可以轻易地一捅就破，事实上
却不然。严谨认真的袁隆平院士很讲究"四良"配套，良种是
核心，但还须良法、良田、良态的高度配合才能出高产，精细
到要挑选受光角度最优和昼夜温差最大的田块，找准最佳的播
种时机，甚至要找到适宜的田水酸碱度，简直像呵护婴儿般无
微不至。

　　政府主导下的农业技术研究特别看重大宗作物。在我们中
国，三个农民两个种水稻，三个国民两个吃稻米，如果一件事
情关乎九亿人的生活，那么它再小也是大事！毫无疑问，稻米

就是首要战略物资，种好它就是国家头等大事，研究怎样种好它也就成了一项政治任务，对其进行政策倾斜和资源集中就显得天经地义了。1972年，杂交稻被国家科委列为全国重点科研项目，集中组织了全国的遗传育种、细胞学、生理学和生态学等领域的专家协作攻关。1984年，国家计委拨款500万元建设的湖南杂交水稻研究中心落成，这是世界首家专攻杂交水稻的科研机构。1998年，国家积极参与"水稻基因组计划"国际合作项目。2000年，我国主导的"超级杂交水稻基因组计划"启动。我国还将1/3的转基因研发资金用在了转基因水稻的开发上。2004年这一年，我国就拿出了五亿元财政资金用于开发转基因水稻。一贯的重视和投入取得了丰硕成果，水稻现已成为科技含量最高的粮食作物，也成了体现社会主义制度优越性的范本。1979年，中国农业第一份对外技术转让合同签订，杂交水稻技术出口美国。2001年，中国联合研究组后来居上，完成了籼稻基因组工作框架图的绘制。2013年，包括先正达和孟山都在内的全球种业巨头齐聚菲律宾，参加杂交水稻品种产量评比，结果中国的杂交稻种包揽了前三名。水稻单产世界纪录一直由我国保持着，并且是一骑绝尘的绝对优势。这归功于我们国家有一支特别过硬的水稻科研队伍。

同时，与资本绑在一块的现代科技也很青睐大宗作物。全世界22.5亿亩稻田是个多么大的潜在市场呀！1962年，美国洛克菲勒财团和福特财团联合在菲律宾投资成立国际水稻研究所。四年以后又在墨西哥投资成立国际玉米小麦改良中心。这两家机构的业务从此覆盖了全部世界三大作物，成了推动发展中国家绿色革命的两大引擎。1984年，洛克菲勒基金会决定启动绘制水稻基因组图谱的综合性计划，紧接着在次年设立"国际水稻生物技术项目"，抢先布局水稻的分子生物技术育种。20世纪末，该基金会在开发和推广转基因水稻上共注资5.4亿美元（要论购买力，那时的1美元至少顶现在5美元）。这些投资农业技术革新的行为本来含有公益成分，但美国人类学家斯科特还看到了另一侧面，认为这都是在利用可以居高临下的科学观念开拓新市场，"不仅仅是生产的战略，也是控制和占有的手法"。这个市场有多大？2017财年孟山都公司属下的种子和基因组学业务部门的全年净销售额为109亿美元。

稻与环境：最环保的粮食作物

在所有粮食作物中，数水稻对生态环境最友好。因为水稻栽培属于湿地农业，不会出现旱作中常见的大风扬尘和水土流失等弊端，而且还有非常可观的蓄水功能。我国西南山区曾经广泛栽培一类能耐深水浸泡的高秆稻种，其涵养雨水和泉水的功能很突出，种得多了就能像海绵一样大大减缓山洪和旱灾的危害。有生态学者对稻田的湿地效应做过估算，假如发动珠江流域2300多万山区农民全种传统农家稻，那么他们的6000万亩水田可在暴雨季节显现出高达200亿立方米的蓄洪能力，几乎相当于修了一个三峡水库；在枯水季节也保有20亿立方米的储备，可均衡持续地向珠江下游输水。同一地区还有个可资对比的反面教材。清政府曾在西南大规模推广玉米，在初期被公认为一项"德政"。但由于外来玉米的生物属性与当地喀斯特山区特殊的环境不契合，多年以后终于引发了大范围的严重的水土流失，直接造成了今天滇桂黔山区的石漠化。

再让我们来考察一下水稻与家养动物之间的和谐关系。南方的传统稻作构筑了一个种养结合的生态循环系统。湖北农谚说："种稻好，种稻好，多收粮食多收草，猪有糠来牛有草。"这个系统可以由稻、牛和猪构成，牛耕地，猪积肥，然后人吃稻米，猪吃稻米加工的副产品米糠、喝米泔水，牛平时吃杂草、冬天吃稻草，稻草还可垫牛棚和猪圈，稻根肥田。水稻全身是宝，当初带离稻田的稻谷和稻草被人畜转化利用，余下的形成粪肥，最后又回到田里。整个循环过程中物尽其用，一点废物也没有。

该系统也可以由稻、鱼和鸭构成。农谚道："无鱼禾不好，无禾鱼不肥。"放养的田鱼能觅食水草和害虫，可以免用除草剂和杀虫剂，然后产生鱼粪肥田，又可少用化肥，长大了还能捕捞增收，可谓一举多得。以鲤鱼为例，杂食的鲤鱼能吞食大量水中的二化螟、稻螟蛉、稻象虫和食根金花虫的幼虫，还有水面的稻飞虱、稻叶蝉和稻螟蛉的成虫；也能和草鱼一样吃猪毛草、鸭舌草等杂草的种子、幼根、嫩芽、地下茎，以及一些丝状藻类；鱼身上分泌的黏滑物质还具有控制水稻纹枯病的功效；鱼游动时搅浑田水，能抑制水生杂草的光合作用；鱼搅水翻土也能增氧促根；鱼碰撞稻秆能使水稻叶片上的晨露坠落从而减少稻瘟病原孢子的产生和菌丝体的生长。农家的经验揭示稻田养鱼能令水稻长得更好，谷粒干净饱满。反过来，郁闭的水稻丛能遮挡阳光直接照射，降低表层水温；能够吸收氮素降低水中铵盐浓度，净化水体；掉落的稻花又是鱼的好饵料，吃它长大的鱼叫作"禾花鱼"。水稻和田鱼能在水田系统中形成良好的共生互惠关系。在适当的时机放养雏鸭。鸭的游走能增加水中溶氧量，从而利于稻根呼吸；人能吃鸭肉，稻能得鸭粪；最重要的一点，鸭是不停啄食杂草和害虫的大胃王。古人观察到"四十之鸭，可治四万之蝗"，因而提倡稻田养鸭，指出"挑鸭一笼入田，可当四十夫"。

不过，学术舆论场上对水稻的生态角色是有争议的。少数学者指斥它非但不是环保恩人，还是罪人。先让我们来设想一下，倘若没有水稻，今天我国南方的景观就会大不一样，山区将覆盖着莽莽森林，平地将罗布着茫茫湖泽。东北的三江平原和辽河三角洲仍会是湿地的天下和丹顶鹤的乐园。开发稻作带来的是山林和水面的大幅萎缩，这些具有重要生态功能的区域都变成了梯田、圩田和沙田，这就与大象退居西双版纳一隅、华南虎的灭绝和扬子鳄的濒临灭绝扯上了关系。唐代以前的长江极少有水患，那时人们只听说有"河（黄河）患"，可是随着围湖造田的推进，太湖、鄱阳湖和洞庭湖的吞吐蓄洪功能相继大减，后来美洲作物的推广又导致上游地区大量泥沙入江，长江变得越来越像黄河了。有人做过统计，在唐代，长江洪水平均18年一次；宋代平均5～6年一次；到了明清，加频至4年一次，以至于江汉平原上"沙湖沔阳洲，十年九不收"。更有观点直指水稻是排放温室气体的元凶之一。某项研究显示，农业产生的甲烷占人类活动排放甲烷的40%左右，其中还原态（嫌气条件）下的稻田水体就占农业甲烷来源的30%，余下部分是由养殖的牛羊通过打嗝和放屁排出的，而甲烷的升温效应是二氧化碳的25倍。不久又有新的研究出来纠偏，证明水稻不只是促进甲烷产生，同时也促进甲烷氧化，高产稻种根际泌氧能力强，排放的甲烷更少。流行病学家的研究报告则点明东南亚稻田与疟蚊之间的关系，猜测15世纪高棉人废弃吴哥窟的最大根由并非暹罗人的入侵，而是疟疾肆虐导致了人口锐减和稻田荒芜。可相反意见说，稻田水为浊水，可以抑制携有疟原虫的蚊子繁殖。

到底应该如何评价水稻的功过？这就需要我们跳出稻作本身，超越当下情境，去认识和反思整个农业，以免对农业抱有不切实际的乌托邦式想象。如果以今人的处境出发回望农业发展史，就会发现人类历史上所有的农业形态都是对抗自然和破坏环境的。背后道理其实很简单，农作物原本只是复杂生态系统中的一员，与许多动植物共享同一生境，适宜农作物生长的地方本来就是森林、草原或湿地。以人类更大福利为导向的农业都是从原来多样性的自然系统中选择某一种农作物，实施大规模单一化的种植，不可避免地要排斥其他生物，进行焚林或竭泽。一边想让马儿跑，一边又心疼马儿吃了保水吸尘、防风固沙、制造氧气的青草，经济合理性和生态不合理性的对立、人类中心主义和生态中心主义的矛盾就呈现出来了。绝对地进行评判，那么没有一种农作物可以原谅，人类只能回到茹毛饮血的原始生活。传统的建筑业、冶金业、制陶业、造船业、家具业、餐饮业都有罪，因为都要砍树。

假使在农业内部对各个农业形态进行比较，那么稻作是很值得践行的生计模式。一位采用现代大农业模式的美国农民，每生产1卡路里的热量，至少要先投入8卡路里的热量，一说要付出多达20卡路里的代价。一位沿用传统耕法的亚洲稻农，每生产300卡路里热量只消耗1卡路里热量。两相比较，能量的使用效率相差2400~6000倍！很显然，传统稻作才是环保的和可持续的农业模式。现今国际上也十分认可此类传统稻作模式，我国最早入选联合国粮农组织"全球重要农业文化遗产"的四个项目全是稻作系统，分别是浙江青田稻鱼共生系统、江西万年稻作文化系统、云南红河哈尼稻作梯田系统和贵州从江侗乡稻鱼鸭系统，2018年中国南方山地稻作梯田系统成为第五个入选项目。

水稻自身是无辜的，今天面对现代农业的生态危机，是选择辛弃疾口中的"稻花香里说丰年，听取蛙声一片"，还是卡森笔下"寂静的春天"，全在于我们自己。

身心俱养：博大精深的稻作文化

水稻不仅养育了我们的生命，还养育了我们的文化。稻作文化犹如一幢宏伟的大厦，由一代又一代稻作人不断添砖加瓦，层层垒砌而成。稻作文化隐藏的无穷奥秘至今未能完全解开，不过可以肯定的是，它养成了今天中国人的许多生活习性，更培育了今天中国人的许多精神气质。这一章将带领大家走进稻作文化殿堂，一步步感受它的精妙与魅力。

古老神话的隐喻

有文字记录之前，神话传说是人们了解谷种来历和稻作起源的唯一途径，就让我们先从神话这扇门进入稻作文化的宏伟殿堂。古老的神话是人类心智破除混沌的初次尝试，被称为"文化的镜子"，其中蕴含着丰富而宝贵的信息，以至茅盾感叹："历史家可以从神话里找出历史来，信徒们找出宗教来，哲学家就找出哲理来。"今人可能会觉得神话荒诞不经，但古代传统社会的民众对此却深信不疑。在农业史学者看来，神话中的确隐藏着原始农业时期的许多重要历史信息。我国从有巢氏经燧人氏、伏羲氏（庖牺氏）到神农氏（烈山氏）的神话，就清楚地呈现了采集狩猎的不同发展阶段以及五谷农业的确立过程。分析东南亚及大洋洲地区的神话，则能看出从种芋薯到种粟再到种稻的演进序列。

关于稻谷的由来，稻作民族在各自的创世神话中都有说明。从东南亚到我国的云南，都流传着这样的说法：从前稻谷长得像南瓜那样大，成熟后不劳烦人们背回来，会自动跑进谷仓。可有一次，稻谷熟了，打理谷仓的妇女偷懒，还没打扫干净谷仓，她骂谷子来得太早，要它们先滚回田里去。从此谷粒一天比一天小，而且再也不会自动跑进谷仓了。人们只得去田里收割，还要费力背回来。另一说法是：水稻多得漫山遍野都是，稻谷还长有翅膀，能自己飞回谷仓。某天，一个蛮不讲理的妇女嫌成群谷子飞进仓门的声音太吵，便用木棒狠狠地抽打谷粒，稻谷们一气之下躲进深山老林的石头缝里。遭受饥荒的人们焦急万分，此时鱼儿自告奋勇去央求稻王，稻王虽答应回来，但要求人们必须辛勤耕作来换回稻谷。云南德宏傈僳族的神话则说：远古时大地上长满稻谷，怎么吃也吃不完。人们不干活还到处拉屎，弄得臭气熏天，惹得天神大怒，将地上的稻谷全部收回到天上去了。人间开始闹饥荒，狗也饿得汪汪直叫，人们自己无颜面对天神，便让狗去拜见天神、讨要稻种，狗儿哭得惊天地泣鬼神，天神感动得听不下去了，便给了它一

些种子带回来。近世传诵的壮族神话体系完整地包含了混沌时代、姆六甲时代、布洛陀时代、布伯时代和伏羲时代。其中女神姆六甲创造了人类;男神布洛陀创造了稻谷、田地和牛畜,让人类过上了安稳富足的生活;布伯时代,人类遇上了先是大旱后是洪水的危局,遭遇灭顶之灾;最后是伏羲时代,伏羲兄妹成婚,再造了人类。

这类创世神话都有一个共同的过程结构,可以分作三大阶段:开头的黄金时期、中间的转折时期和最后的解救时期。黄金时期对应的是食物资源丰裕的采集狩猎时期,多半处于母系社会阶段,会出现女性形象的谷魂,例如云南傣族的谷神奶奶和浙江民间的稻花仙姑。也会出现诸如神农氏和布洛陀这样的男性农神,因为进入阶级社会后男性掌握了神权和文字,他们对神话进行了改写加工。转折时期意味着气候剧变和人口大增,在一万多年前冰期终结时爆发了一场大洪水,也有人认为是四千多年前的那次特大洪灾,造成了食物资源的短缺。解救时期恰恰是原始稻作初创阶段或外来稻作传入时期,人类被迫采取了新的生产方式。

黄金时期的谷种来源神话包括三种类型:自动飞来型、自然生成型和天神赐予型。稻谷不管是滚回来还是飞回来,都属于飞来稻神话,广泛流传于中国云南、柬埔寨及印度阿萨姆等地。自然生成型的典型母题(反复出现的情节,民间文学名词)是稻谷长在大树上,要用斧头才能把谷子砍下来,水族、白族和傈僳族都有类似的神话。黔西南的布依族说谷子长在天上，像下雨一样落得满山都是。傣族神话里有犬元素，传说很久以前傣家人带着猎狗追赶野猪，途经一口泥潭，耐不住天气炎热的猎狗跳进潭中打滚，第二年泥潭中就长出了稻子。自来稻和自生稻是经过艺术加工过的原始采集对象，另有自来肉神话对应同期的原始狩猎。至于天神赐予型，要么是天神的子女携稻种下凡，往往夹有天神女儿下嫁凡夫的桥段；要么是派某种动物将种子转交给人类，充当使者的有鼠、犬、牛，还有鸟类。天女下嫁还折射出母系社会向父系社会的转型。有趣的是，黄金时期的稻谷都大得出奇，各种说法中最小的也有鸡蛋或枇杷那么大，还有说像牛腿、萝卜或南瓜的。贵州安顺布依族的神话说古时稻谷有箩筐那么大，一颗就够几十个人吃一天。一些异文（流传的不同版本，民间文学名词）述说的就是有人埋怨谷粒太大不好分割，结果触怒了天神或得罪了稻魂。这和解救时期重获稻谷之小形成了鲜明对比。

黄金岁月在转折时期失落了，天灾人祸导致了稻种的丢失。天灾多是洪水抑或大旱，史前真实发生过的大灾给人类留下了难以磨灭的记忆。人祸则源自懒惰、贪婪、肆意轻慢和挥霍，紧接着总是会引来天神的惩罚，安排如此的情节显然是为了道德教化。若是放眼整个欧亚大陆，则可发现，大多数农耕民族都有人类堕落导致失去伊甸园的传说。传说仍在向我们诉说着万年前人们对回不去的采集狩猎生活的眷恋。民俗学理论提示我们，转折期的喻义其实是象征性死亡，就是要与上一时段进行决裂式分离，为下一时段的象征性再生做准备。

解救时期的神话主要表现为盗来型和死体化生型。没有了谷种，人神关系又弄僵了，那由谁来解救危难中的人类呢？靠具备神性的动物或人类自己的英雄，远赴神仙的居地偷盗谷种，然后历尽艰难险阻携回人间，所以盗来型神话又细分为动物盗来型和英雄盗来型。该阶段神话往往绕不开人类与天神博弈、与动物交易的情节。一些地方（如云南、广东）传说是仙鼠从天庭盗得谷种，作为交换条件，人类特许老鼠在谷仓居住，至今老鼠仍是谷仓中的一大害。有的则说是老鼠咬破了装满谷种的布袋后，种子才洒落到人间的。先民们一早就观察到啮齿类动物与种子形影难离的紧密关系，它们能用牙齿轻易咬开谷壳，还有在洞穴里储存粮食的习性，老鼠因这些禀性特点成了谷种神话中的主角；哈尼族相信稻种从鱼腹中来，也有说是由一只小鸟从天边衔回；江南人民盛传是麻雀带来的，所以江南人民春天里要向屋瓦上抛撒米饭祭麻雀；还有归功于蛇、蚂蟥或蚂蚁的神话。但流传最广的是灵犬传说，以广西壮族的九尾狗的故事最具代表性。人们派九尾狗去雷公府偷稻种，它溜进天宫的晒谷场上就地一滚，让身上沾满稻谷，但被看管晒谷场的天神发觉了。九尾狗的逃亡过程十分惊险，它被追上来的天神用斧头砍断了八条尾巴，最终九尾狗拖着最后一条夹带谷种的尾巴跑回了人间。为了报答立下大功的九尾狗，人们把九尾狗养起来，天天给它喂饭。稻穗之所以像狗尾，就是为了提醒人们记住狗的功劳，每当收获新米时当地人都要先盛上一碗给狗吃。湘西土家族神话中，狗的回程要泅渡七七四十九条天河，身上的谷子早被河水冲走了，幸亏狗尾巴能够竖在水面上，保住了尾巴里最后仅剩的三粒谷种，人类就靠这三粒谷种延续了下来。汉族、苗族、水族、阿昌族和傈僳族等众多民族都有狗盗谷种的神话。为什么要渡河？携稻种返家路的艰辛正是象征着驯化栽培水稻历程的艰辛，同天神斗法正是寓意着同大自然作斗争。此外，河就是稻作文化中的水元素，同类神话中的蛇、蚂蟥和青蛙都是湿地农业的标志。为什么总是狗？一方面因为狗是最早被驯化的动物。在谷种神话诞生的年代，人类只有狗这位最亲密的动物助手，狗总是比人类更早地嗅到危险的味道，更快地发现猎物，并驱赶鼠雀保卫收获。另一方面还因为它是许多民族早期信仰的图腾。栽培稻最终炼成不是哪一个人的功劳，而是一个族群多少世代集体劳动和智慧的结晶。但是创作神话的先民依赖具象化的思维，必须把众人的功劳落实在一个看得见、信得过的具体形象上，托名大家既熟悉又崇拜的图腾动物或英雄人物来代表是再合适不过的了。这又牵出了英雄型神话，水族的蒿欧其、布依族的茫耶和傣族的九隆都是取回稻种的好汉。还有的神话中，稻种需要动物与人接力才能成功带回。

最后说说死体化生型神话。滇南哈尼族创造了一个名叫玛麦的神话人物，他骑着一匹有双翼的神驹飞到天帝那里乞求谷种，天帝把最小的女儿许配给他，将谷种作为嫁妆。可玛麦的神驹却把谷种吃了。气愤的玛麦挥剑砍掉了神驹的翅膀，玛麦和神驹掉进一个洞穴，都摔死了，稻谷从神驹的肚子里洒了出来，哈尼人就这样获得了稻种。哈尼人还有另一个神话，认为金黄的稻谷是神牛上的黄牛毛变来的，神牛的名字叫查牛。两则神话中的马、牛元素隐隐透露出哈尼族先民南迁前的游牧生活。

经历了得稻、失稻、再得稻三个阶段，人和稻都实现了华丽转身，像极了由虫到茧再化茧成蝶的嬗变过程。黄金时期的人类是采集者和狩猎民，谷种是天神的恩赐，随时有可能被夺走收回，这里的谷种实际上是在说未驯化的野生稻。转折期的人类接受了灾难的洗礼，充满了变革的动力。在最后的解救时期，人类终于获得了已驯化的栽培稻，人们面对自己历尽磨难换回的稻种，态度来了个一百八十度大转弯，从毫不爱护到万分珍惜。谷种从神圣的天界下到世俗的凡间，喻示着人类改造自然的能力大有进步，掌握稻作的农人已不再是先前的人类了。

民族语言中的留痕

特定类型的神话往往来源于特定类型的民族。一般说来，飞来稻神话盛行于壮侗语族诸族群中，这些民族都有非常悠久的水稻栽培史，世居平原、平坝与河谷低地。死体化生型神话多出现在藏缅语族和苗瑶语族各族群中，他们早年曾在山林游猎或在草坡游牧，生活在西南的中高海拔地区，最早的种植对象都是旱作杂粮。死体化生型神话还分布于东南亚及大洋洲操南岛语的地区，当地在历史上都曾种植块根块茎类作物。可见，不同的生计总是与不同的语言文化紧密相连。国外语言学家就此提出了"农业-语言扩散说"，认为首批农耕民族具有人口优势和扩张倾向，其中低地植稻民族的优势更为显著。史前农业民族的语言随人口扩散，大幅压缩了采集狩猎民族语言的空间，塑造了世界语言分布的基本面貌，时至今日，全球最主流的几大语系都是早年农人的语言。

语言是文化载体，稻作民族的语言就像一块吸饱了稻作文化信息的海绵。语言又是思维方式，没有哪个文化载体像语言这样规定着人们看待世界的方式，人们在习得一种语言的同时也习得了一种世界观，从而制造出族际间的深层差异，所以考察民族文化离不开语言分析。

今日的亚洲稻作民族众多，以"稻"的发音来划分，存在越（夷）、苗（蛮）、马来和印度四个相互独立的语言系统，其他民族后来分别借用了这几大系统的发音。汉语"稻"和"糯"的读音直接借自古越语的"Khau"和"nu:"，日本语"イネ（稻）"的读音取自吴越古音"伊缓（暖）"，一说来自古苗语的"nɑ"，越南语中的"lúa"来源于孟-高棉语（南亚语）及梵语的"aruya"，拉丁语"oryza"和希腊语"ǒρυζα"最后还是要追溯到这个梵语词，英语中"rice"（稻米）的远祖是梵语的"vrihi-s"，另一英语单词"paddy"（稻田）则来自马来语的"padi"，这个马来语词和朝鲜语"벼"皆来自原始南岛语的"pajey"（水稻）。大致来讲，古苗人分布的核心区域在长江中游，古越人的核心分布区域在长江下游，都是最早栽培水稻的地方，相应地，古越语和古苗语中产生了

最早的有关水稻的词汇，苗瑶语里还有好几个关于"稻"的字根。相比中国南方，东南亚和印度的稻作史要晚得多，只是当地生长着野生稻，有现成称谓，不必借用外来词。南亚语中指代"稻"的词汇也很复杂，但多数是指野生稻或山地旱稻。

古越语衍生出来的壮侗语族是个很好的例子，让我们可以从诸多语言细节中抽取出文化信息。壮侗语族属于汉藏语系，在国内主要包括壮语、傣语、布依语、黎语、侗语、水语、仫佬语和仡佬语。从最古老的"膏"到"毫"和"考"，再到"敖"和"欧"，稻的发音越来越软化。当一位壮族朋友说"毫"时，他可以指稻株，可以指稻谷，还可以指稻米，也可以指最后做成的米饭，有时"毫"又可泛指所有的粮食，整个壮侗语族都是共用一个词。这说明稻作先民很熟悉从稻至饭的整条工序链，很清楚那只不过是一体卜的不同面相，它们都具有同等的神性。当中最常用的只有两个含义：稻谷和米饭。与汉地不同，少数民族地区的老习惯都是以稻谷或稻穗的形式存放粮食，每次做饭前都临时舂米，决不吃陈米，故而家居生活中很少见到生白米。在汉语中，稻的五个意思分别叫禾、谷、米、饭、粮，不能把"吃饭"说成"吃稻"，这与北方民众农活分工细、只见到水稻种植加工过程的某段工序，也可能只是套用发达粟作的一系列用词。瑶族拉珈话借用这个壮侗语发音时仅指禾，越南话借用这个音仅指米，一离开百越族系，词的用法就会发生变化。黎语中表示稻的发音比较特别，近似"孟"，与同一语族流行的"毫"不同，原因是壮侗诸族皆种水稻并将之作为主食，唯有海南岛的黎族早先种的是陆稻，兼以薯芋为粮。黎语里稻和点种两词发音一致，可以推断"孟"音出现较晚，来源于原始农业的点播动作，壮傣语的"膏"音是最早的，发端于采集野生稻时期的收割行为，汉语也有类似的用动词造名词的现象，例如用采摘的"采"引申出作为采摘对象的"菜"。有学者注意到壮语中稻和白的发音都是"毫"，傣语也一样，猜测古越人因米色给稻米取名。这也许说明，古越人很早就培育出白米稻种，或舂米甚精细。习惯在河谷平坝临水而居的百越是最先采集利用水稻的族群之一，也是最先驯化种植水稻的族群之一。

侗族人喜食糯米，南侗（南部侗族）的一些村寨至今还保留着顿顿吃糯米饭的古老食俗，山区侗寨的传统生活都是围着这种黏软的米饭来转的。既然处于民族文化的核心位置，侗语对糯米饭的称呼自然就多了，"苟探"（用摘禾刀收获的稻谷）、"苟勺"（蒸的米饭）、"苟觉"（用手捗的米饭）、"苟赖"（好的米饭）、"苟更"（侗族的粮，侗家稻）、"苟老"（古老的粮）、"苟公补"（祖宗的粮）……指的都是糯稻（米）。不是至爱，怎会奉上这么多顶高冠？从种种称谓中可以看出侗家对糯稻（米）的珍视和嗜好，也可看出糯稻（米）的许多特性及加工方法。相对地，侗语对不糯的稻（米）态度就大不一样，甚至有点不客气了，叫法有"苟顿"（煮的米饭）、"苟嘎"（客家米，汉家稻）、"苟奔"（鸡鸭饭）、"苟库"（猪饭）、"苟亚"（狗饭）和"苟马"（马饭）。

在侗家人眼里，糯米饭才称得上是人吃的饭。同一语族的傣家人也认为"吃糯米饭的才是傣族"。

水田在稻作民族心目中的地位是不言而喻的，其重要性也肯定会在民族语言中反映出来。贵州布依语非常细致地划分了各类水田，有"纳赞"（滥田）、"纳些"（冷水田）、"纳铁"（泡冬田）、"纳塔勒"（晒冬田）、"纳洛"（水车田）、"纳卡"（秧田）、"纳拉阔"（院脚田）、"纳旁黄"（溪边田）、"纳它"（河边田）、"纳章本"（望天落雨田）、"纳磨"（新垦田）……这些地方性的分类知识不仅说明布依族生活地区地形和田况复杂，更说明布依族人是稻作的专家。我们都注意到了，田名中都带有"纳"，修饰成分都放在了它的后面，顺序刚好跟汉语相反。这个"纳"正是水田（稻田）的意思，也就是云南西双版纳的"纳"，还类同广西那坡的"那"。"西双版纳"是傣语地名，翻译过来就是十二千块稻田；"那坡"是壮语地名，意指肥沃的水田。以"那"开头的地名都位于河谷低地，且多是小地名。语言学家查看地图后发现这类名称遍布我国南部边疆及东南亚部分地区，拼成了一个范围广大的"那文化圈"，它东起我国广东珠海那洲，西至缅甸的那龙，北抵我国云南宣威那乐冲，南达老挝的那鲁，核心区则在我国广西。巧合的是，"那文化圈"内总是出土铜鼓和双肩石器两样宝贝。"那文化圈"透露出古代俚僚（古越人的一支后裔）等壮侗族群的分布及迁徙信息，也是古代曾存在水稻栽培的有力证据。另外，布依族地名中的"董"和侗区地名中的"峒"都是同一个意思，指水田坝或田场。布依语、壮语和傣语之间亲缘关系很近，它们共用"稻""水田""犁""船""水牛""竹笋"和"芭蕉"等大量同源词，并且都没有表示冰雪的本族词，说明三个民族拥有共同的祖先及祖居地，这个共同的故乡还是气候温暖的水乡，分化之前已经在从事稻作了。

当黎语用同一个词表达稻种和稻秧时，揭示了山栏稻的种植特点；当布依语用同一个词表达稻种和灵魂时，是在建立谷魂信仰；当侗语说糯稻是"侗家稻"时，是在建立族群认同。无论是侗语中"祖宗的米"还是布依语中"好的米（也指糯米）"，都是在规定祭祀祖先必须用糯米。民族语言和神话传说一样，如同一面镜子，折射出民族历史和文化的方方面面。

汉字中的稻

当书面的"稻"字在北方诞生时，南方口语里对应的词已使用了一万年，也许还不止。甲骨卜辞中"黍"字有多个写法，有学者主张带水的那个是"稻"的初文。甲骨文中究竟有没有"稻"字尚有争论，但商周的金文中确定有"稻"的存在，写作"稻"，禾字旁，右上角是爪，右下角是臼，整个字模仿的是人手扶碓舂米状。春秋时期又出现了"稌"字，见于《诗经》中的"丰年多黍多稌"。稻和稌两字的意义完全一样，上古时读音也相同，可以互换着用。无论稻和稌，最初的含义都是指糯稻。古人不是刻意要创造一个特指某类稻种的小名，而是那个年代的人们所见之稻几乎全是糯稻，所以没能创造表示非糯稻的字词。初入黄河流域的稻并不作为主食，甚至不是粮食，大部分都做了酿酒原料，余下部分则成了贵族的祭品和点心。先秦时期，已开始借用"秫"字，其本意是黏稷，后来引申为糯稻。人们总喜欢以自己的舌头来给米饭分类，对田里稻禾的高矮青黄并不感兴趣。文字世界对稻种的第一个分类就是按照口感的黏与不黏，还有酒味的甜与不甜，分成饭粒黏软并可酿甜酒的糯稻和饭粒散硬且不堪酿酒的粳稻，即后来《本草纲目》所谓"糯者懦也，粳者硬也"。"糯"字早先写成"稬"，"粳"又可写成"秔"，这四个字都出现在两汉，粳和糯常指稻米，秔和稬多指稻苗。"籼"字到了北宋才见，《尔雅翼》说它"比于粳小而尤不黏"，开始与粳、糯并列，秦汉以来的粳、糯两分法自此转为籼、粳、糯三分法。若是孔乙己来了，他会告诉你"籼"字还有"秥""秈""䄻""秜"等好几种写法。关于粳和籼，需要注意两点。一是中国传统分类法中的粳稻和籼稻不能跟现代植物学中的同名概念画等号。今天科学意义上的粳稻和籼稻，都与糯稻存在着重叠，圆粒的糯米是粳糯，即俗称的"大糯"；长粒的糯米是籼糯，即俗称的"小糯"。二是国际通用的拉丁学名容易引起对两种稻的误解。现代植物学认定粳和籼是栽培稻的两个亚种，1930年有日本学者认同籼稻原产地是印度的说法，将之命名为"*Oryza sativa* subsp. *Indica*"，又将本国种植的粳稻命名为"*Oryza sativa* subsp. *Japonica*"。实际上，中国才是栽培稻起源的原始中心，印度只是次生中心，日本稻种已确定无疑来自我国，我们不应将相关拉丁名译成"印度稻"或"日本稻"。

籼、粳稻在国际学界的遭遇凸显了话语权的重要。自汉字创生之始，南方稻作文化就有了类似的尴尬，文字掌握在北方旱作民手中，想造哪个字、不造哪个字、怎么造、怎么用，南方稻作民都使不上劲，结果汉字构造出来的世界是以旱作文化为本位的，掩盖了稻、旱两类作物的真实比例关系。不信的话就来查成语词典，我们会惊讶于带"稻"字的成语仅有新派的"救命稻草"勉强算一个，带"籼""粳"或"糯"字的成语竟然一个也没有，含"粟""麦"或"黍"的成语却有一大堆。"粟"既可以专指北方的"谷子"，也可以泛指所有粮食，"稻"就只能称稻谷，不能作粮食的总称。再比如，"米"本指"粟实"，就是小米，同时又可以概括所有的谷米，包括大米，稻米到现在也找不到一个专门的汉字来指代自己；不过有个专指未碾稻谷的"籼"字，国内现已罕用，但在日文中，它如活化石一般仍在使用。甲骨文中已有"醴"字，就是今天的甜酒酿，用于祭祀的醴是各种谷酒中起源最早的。《诗经》中"为酒为醴"是与"多黍多稌"对应的，揭示酒是用黍米酿成的，醴是用稻米酿成的，两者不能混淆。《礼记》也说醴由稻造，并说"殷尚醴，周尚酒"。可如今的人们只知道有"酒"，高粱酿的叫酒，黏粟酿的叫酒，最常见的糯米所酿依然叫酒，已经没人知道还有"醴"了。

许多禾字旁、米字旁以及部分食字旁的汉字与稻密切相关，可是由稻独享的却不多。我们常用的"禾""秧""秀""米""精""粹""糙""糠""糕""粮"等都是稻与旱地谷物共享的，就连"粽"也不一定是糯米粽，北方的黍米粽也用这个字。苏轼笔下"穲稏百顷秋"中的"穲稏"就是稻子，两字的偏旁可能是唐末才加上去的，杜甫诗中还写作"罢亚百顷稻"。禾字旁的"秔""秫"属于稻的专利，"穞"和"稆"也几乎由稻垄断，四字均与野生稻或自生稻有关。并不是说黄河流域能见到野生稻，它们应该来自邻近的淮河流域或汉水流域。"稭"倒是专指中空的稻秆，但这个生僻字远不如涵盖一切庄稼的"秆"字流行。除了晚期出现的"粳"与"籼"，以米为部首的字基本上都牵涉糯米，这说明造字时黄淮地区种的是糯稻。文字创制之初，这套新符号体系是开放的，吸纳了当时的许多稻米事象，等到文字体系定型了，开始严控增添新字，这个窗口就关闭了，后面的各个非糯稻种及相应产品不再享有专门造字的待遇了。"糍"指糍粑或年糕，古代唤作"稻饼"，"餈""粢"与"糍"同音同义，相当于"糍"的备胎；"糇"指烤熟或炒熟的稻米，是一种香软可口的零食；"糰"（团）是圆球状的糯米点心，汤圆和青团都算在其中；"糉"是一款糯米粽子，《齐民要术》里还记录了它的做法；"饧"和"饊"（糤）都是稻米熬制的饴糖，"饧"在古代读作唐，是"糖"字的原型，现今"饊"字已被一种油炸的面食抢去了，"糤"字还残留在浙江台州农民的口语中，指粳稻或粳米，保留了宋代时的词义；"粝"是祭神用的精选糯米；"粲"是上等精白米，常用于祭祖，现不能断定是否为糯米；"粔籹"的历史比较长，先秦的《楚辞》已有记述，南宋大儒朱熹注解说"吴谓之膏环"，而《齐民要术》很明确地指出"膏环"是一种用"秫稻米"（糯米）制作的油炸食品；近代才造"糍"字，"麻糍"是闽南语对日文中"もち"（糯米饼）的音译。弥生人给日本带去了稻作和汉字，他们多从中国吴越地区及朝鲜南部泛海渡来，因而日文中汉字的字义更贴近古代江南等地的用法，如"餅"（饼）是糯米糍粑或年糕，与小麦粉无关。再如"糒"字在东瀛是指煮熟晒干的稻米饭，作武士或旅人的干粮。在我国，糒是广义的干饭，不限于稻米的。不过，从台湾到海南，凡是讲闽南语（福佬话）的沿海地带说"呷糒"，指的就是吃大米干饭，若指喝米粥就要改说"呷糜"。闽南语与吴语渊源不浅，许多字词用法还保留着古貌。

诗词中的稻

汉字王国里稻的领地小得可怜，然而含有"稻"字的诗词歌赋却浩如烟海。在先秦文学作品中，《诗经》中有六次提到了稻，其中五次称"稻"，一次称"稌"；《楚辞》中也出现了"稻粱穱麦"。自6世纪的南梁始，"稻"成了诗词里的高频用字，唐宋以后再要找一首无关稻的田园诗已很不容易了。"蝉鸣稻叶秋，雁起芦花晚""蛙鸣蒲叶下，鱼入稻花中"以及"漠漠

稻田，差差柳岸"……正是这些美妙诗词构建出北人的江南印
象，令读者心生向往。杜甫的"稻米流脂粟米白，公私仓廪俱
丰实"，苏轼的"但愿饱粳稌，年年乐秋成"，刘克庄的"但
得时平鱼稻熟"……展示了作者美好的社会愿景，又分明流露
出几丝忧世情怀。"水为乡，篷作舍，鱼羹稻饭常餐也。酒盈
杯，书满架，名利不将心挂""负郭三顷稻，并田五亩园。人
生如此足，安用华其轩"……则表现了作者朴素的生活理想。
此类诗词蕴含的信息量实在太大，文学赏析亦非本书之写作目
的，我们只能在诗词瀚海的沙滩上拾起两三枚贝壳。

诗词中的稻并不孤单，通过对仗或连举，就会引出它的
伴侣，要么是地里的其他农作物，比如麦、菽、荷、菱、桑、
茶、瓜、韭，要么是盘里的各色下饭菜。从唐诗宋词中可以一
窥当时稻作区的饮食文化。在蔬菜方面，时常提到一种水生蔬
菜——莼菜，吃法是做羹汤。如："香稻饭，紫莼羹。""饭稻
以终日，羹莼将永年。""白鳞红稻紫莼羹。"莼菜一直分布
在长江两岸地区，太湖莼菜至今闻名遐迩。另一种常见蔬菜是
菰菜，同为水生，菰感染真菌后形成的肥大菌瘿即茭白，吃茭
白也是自唐代开始。如："饭稻羹菰晓复昏。""新菰幸可配
吴粳。"在唐初的诗歌中，与稻米相配的多是葵菜。杜甫有诗
句："稻米炊能白，秋葵煮复新。"李端有"炊粳折绿葵"之
句。白居易则写下了"炊稻烹秋葵"和"禄米獐牙稻，园蔬鸭
脚葵"。可自那以后葵和稻就极少一同出现了。白居易另作有
"饭稻茹芹英"和"水餐红粒稻，野茹紫花菁"。诗中的芹英

就是水芹菜，紫花菁既非韭菜花也非芜菁，而是一种开紫花的水生野菜。宋人还用竹笋（"蒸白鱼稻饭，溪童供笋菜""烧笋炊粳真过足"）、芋头（"香粳紫芋""水碓舂粳滑胜珠，地炉燔芋软如酥"）、蕨菜（"紫蕨红粳午爨香"）和苣荬菜（"香粳炊熟泰州红，苣甲莼丝放箸空"）来配大米饭，此皆为南方的古老菜种。如果感觉餐桌上还差水果，就可以剥两个柑子或橙子，杜甫有诗云："破柑霜落爪，尝稻雪翻匙。"白居易则云："何况江头鱼米贱，红脍黄橙香稻饭。"

人们常称南方为"鱼米之乡"，鱼和稻总是出双入对。东汉张衡的《南都赋》就以"黄稻鲜鱼"配对。白居易吟"饭热鱼鲜香"，读者不禁食指大动；李顾咏"绿水饭香稻，青荷包紫鳞"，水乡情调跃然纸上。到底吃的是什么鱼呢？鲤鱼最多，如："炊稻烹红鲤。""秋雨几家红稻熟，野塘何处锦鳞（锦鳞即鲤鱼）肥。""珠粳锦鲤。""客户饷羹提赤鲤，邻家借碓捣新粳。"鲈鱼也不少，如："早炊香稻待鲈脍。""闻说故园香稻熟，片帆归去就鲈鱼。""冻醪元亮秫，寒脍季鹰鱼（季鹰鱼即鲈鱼）。"其中"脍"是生鱼片。鲌鱼也常被提及，今天它已是名贵鱼种，太湖白鱼就是其中一种。例子有："沃野收红稻，长江钓白鱼。""红稻白鱼饱儿女。"还有鲫鱼（"庖霜脍玄鲫，淅玉炊香粳"）、鳜鱼（"肥鳜香粳小艛艓"）、鲂鱼（"鲂鳞白如雪……稻饭红似花""红粒陆浑稻，白鳞伊水鲂"）和鲳鱼（"粳米炊长腰，扁鱼煮缩项"，扁鱼即银鲳鱼）。鱼的种类已够丰富了，可荤菜仍未列尽。诗

人们还能一饱蟹（"炊粳蟹螯熟"）、鳖（"炰鳖脍鱼炊稻
粱"）和鸭子（"荣过食稻凫"，凫即野鸭）的口福，这些都
是水乡常见之物。相较之下，唐诗中才能见到"稻熟瓜累岁有
仁，烹鸡割豕祀田神"之类的场景，宋代诗词已鲜有提及鸡与
猪。南宋李曾伯的词来了个大集锦，正所谓"稻肥蟹健，莼美
鲈鲜"，"姑苏台畔，米廉酒好。吴松江上，莼嫩鱼肥"。如此
好生活，能不忆江南？

　　水稻、水生蔬菜、水产和水鸟，江南水乡的人们懂得就
地取材合理搭配，成就了"东南佳味"。《晋书》记载了一段
"莼鲈之思"的美谈，说西晋时苏州人张翰在洛阳为官，"因
见秋风起，乃思吴中菰菜、莼羹、鲈鱼脍"，这位吃货当即
生出"人生贵得适志，何能羁宦数千里以要名爵"的念头，毅
然挂冠还乡，可见江南美食的魅力。因为他，鲈、莼、菰成了
"江南三大名菜"；由于张翰字季鹰，鲈鱼也获得了"季鹰
鱼"的别称。"且乐生前一杯酒，何须身后千载名"的李白就很
膜拜张翰，引为同道。

　　大家也许已发觉，古诗中频现"红稻"和"赤米"，古代
确实普遍种植着红米稻，其中许多品种拥有更为抗旱和耐寒的
特性，诗词中"香稻"也常出现，至于这仅是文学修饰还是客
观描述就不好分辨了。"禄米獐牙稻""长枪江米熟""近炊
香稻识红莲"……幸好稻种名称屡现于唐诗宋词之中，弥补了
唐宋农书不重视记录水稻品种的缺憾。

　　领略完物质文明的彩贝，我们再来玩味另一枚闪耀着精

神文明之光的贝壳。花有花语，稻也有稻语。在稻作社会的民间文化中，通常门前挂稻草就是禁止进入的标志，稻草可以划出圣俗的分界；稻米象征着灵魂、生命、正气、力量、幸福、财富和成就，后来也代表勤劳的美德和精细的做派。广东话中"有米"就是有钱的意思，在香港，道教徒中元节设坛作法时所施大米被称作"平安米"。成熟的金黄稻穗则喻示着丰收富饶和多子多福。

在诗词歌赋中，文人雅士赋予了稻与稻米更为丰满的道德形象。东汉张衡的《思玄赋》以"垂颖而顾本"论嘉禾，低垂禾穗代表了不忘根本的君子之德。北宋苏轼有言"稻垂麦仰阴阳足"，指出了水稻与其他粮作不同的文化角色。元初李庭的《寓庵集》里录有："芦叶何挺挺，稻叶何垂垂。至宝不外眩，高才恒自卑。"稻与谦虚内敛的品德挂上了钩。乔吉的元曲作品《金钱记》里引用了"肯学之人如禾稻，不学之人如蒿草"的谚语，意思是勤学者像禾稻那样是宝，不学习的人像蒿草一样于世无益。明代启蒙读物《增广贤文》又将其改编为"学者如禾如稻，不学者如蒿如草"，教导人们读书才能如禾稻般有所作为和贡献。五代后梁僧人契此作了一首《插秧歌》："手捏青苗种福田，低头便见水中天。六根清净方成稻，后退原来是向前。"契此就是大名鼎鼎的布袋和尚，也是笑口大肚弥勒佛的原型。他出身贫寒，是插秧老手，别人插一辈子秧也悟不出什么大道理来，可在他眼中处处是道，偈语浅白平易，却饱含哲理禅机。

同样是竹笋，宋人徐庭筠赞美它"未出土时先有节，便凌云

去也无心"，明人解缙却斥其"嘴尖皮厚腹中空"。对稻的观感
也有分歧，一些人认为君子应该跟稻米保持距离，以免有损自己
的德行。清人吴其濬就说："虽然稻味至美，故居忧者弗食。膏粱
厌饫，则精力委茶。君子欲志气清明，固宜尚粗粝而屏滑甘。"
也不是所有人都认同"稻味至美"，对于"我家中州食嗜面"的
北宋诗人张耒来说，饭稻羹鱼就成了"强进腥鱼蒸粝饭"。

未来吉凶稻先知

上面讲的是人际沟通中的稻语，而稻还能代神灵说话。我们知
道，八卦和甲骨文都与占卜有关，古代文献常常提到北方的骨卜、
龟卜和蓍草卜，南方稻作民族则喜欢用稻米、鸡和蛋卜测吉凶。

稻米能提前知晓来年天公是否作美，也能预知来年各人的运势
和谷畜的长势。糯米花在南方民间又被称为"神仙米"，它的创生
原是为了占卜。南宋《吴郡志》中记有上元日（农历正月十五）习
俗："爆糯谷于釜中，名孛娄，亦曰米花。每人自爆，以卜一岁之休
咎。"明代《戒庵老人漫笔》讲得更细一些："红粉美人占喜事，白
头老叟问生涯。"做法是家中老幼每人取一颗糯谷投入热锅，查看
米花爆开的大小。今天苏沪一带称之为"卜流花"或"卜流年"，
客家地区叫"占稻色"。江南过元宵节还有"蒸缸鬊"之俗，这个
习俗不是真的拿陶缸和鬊去蒸，而是用糯米粉揉成缸和鬊的模型上
蒸笼，蒸好开笼时检视糯米缸鬊中凝聚水汽的多寡，以此来占卜一
年雨水的多寡。一些地方会在元宵节当天煮粥，用筷子蘸粥水，拿

出筷子看挂带米粒的多少，挂住的米多是丰年之兆，少则为歉收之兆。农历十二月二十三是广西壮族的灶王日，这天祭祀之时农人们也顺便卜问年景。家家户户裹粽子，须裹12个，一个粽子代表一个月份，然后按顺序下大锅，要是粽子沉水代表那个月会下雨，要是浮水就预示该月天旱。腊月的蛇日是云南哈尼族做糯米团祭祖的日子，祭祖之人先做三个大糯米团，分别代表人、粮、畜，蒸熟后分放三个碗里。每碗的大糯米团再分别做成三个小糯米团。人的那一碗，三个小团分别对应老人、大人、小孩；粮谷的那一碗分作成熟的、正长的、刚种的；家畜的那一碗分作老畜、大畜、幼畜。祭祀完毕的第三天早上，要按顺序将糯米团放在火塘边烘烤，大家瞪大眼睛看哪一个最先出泡，或对比哪一个发的泡最大，相应的那个人在下一年会最顺利，相应的那种作物或家畜也会长得最好。哈尼族人还有一种米卜形式，先盛一碗米，然后在米上搁一块姜和一块盐，还有贝壳，巫师从碗里抓几粒米丢进另一个空碗，空碗中米粒成双成对的话是吉兆，要是米粒散开就不妙了。有的地方会在大年夜安排双人拉年糕的节目，拉断后总会一人手里的年糕多一些另一人少一些，攥住大头预示着新年里有喜事和福气等着自己。稻草也具灵气，南方各地邻近年关时要在田头举行"照田蚕"活动，此时察看稻草火把的火色和火势可以占年，泛白主水，红艳主旱，猛烈兆丰，柔弱兆歉。

除了"年占"大事，米卜也用来预测个人眼下某件事的结局。武汉有一旧俗，孕妇想知道胎儿性别，就用火烤鹅卵状的糯米团，米团裂开的话预示将生女孩，起泡则预示将生男孩。

西藏珞巴族流行"暗角工"，当人们需要询问垦荒和盖房的利害，或者出行和打猎的顺逆，就会求助巫师。巫师精选若干颗粒饱满、大小相当的稻米放在手掌上，念完咒语后将米向上抛撒，再察看米粒掉落后所呈现的卦象。云南拉祜族用大米占卜盖房地基，先要祭家神和寨神，再由卓巴（拉祜族祭师）在主人看好的地基上用刀把敲出一个浅坑，放进三粒完好的米粒，过段时间察看米粒是否被蚂蚁搬动，搬动为吉兆，反之就要另选地基。湖北黄梅女性有心事时往往"做米课"。她们想知道和情郎能不能终成眷属，他在外顺还是不顺，他的归期又在何时……往往就会在做饭前抓一把大米来卜问。

以上讲的占卜是在轻松氛围下预卜吉凶，其中不少还是娱乐游戏。若灾病已然发生，此时借助米卜来推断施害的鬼神就是一件严肃的事。在江西吉安，若有小儿受惊致病，民间会以为是在外中了邪气。家里的老人便取小碗或茶盅盛满米，用手抹平，再用手绢包住碗捏紧底部，倒扣过来后拿碗的外侧面在孩子的额头上、胸前反复轻轻摩挲转圈，边转边念"神仙菩萨保佑"之类的话。然后碗朝上解开手绢，如果发现碗里哪个角上的米陷下去或立起来了，老人就会认定是在相应方向上受了惊吓，要朝那个方向燃香烧纸钱，这样小孩就"出惊"了。南部侗族遇到病人服药后仍不见效时要行"贺欧"仪式，就是请阴阳先生来给病人看魂。先由家人备好一筒糯米、一个鸡蛋、一条酸鱼、一盆水、三炷香和几张纸钱，阴阳先生从米筒中拣选21颗完整的米粒放在手心里，一边默念咒语一边用嘴哈几次手心里的米粒，再丢进水盆。每次丢七粒米，念一回丢一回，相当于询问一回，根据米粒在水盆里的排布情形来判断病人冲犯的是何方神圣或哪路鬼怪，接着赶紧拿三筒又三把糯米去祭拜消灾。布依族如遇有人卧病在床，家人会放一碗米在病人枕边，过一会儿用病人的衣服包好去请摩公（布依族祭师）问卦。摩公先向来人询问患者近日的活动范围和病情，然后用一根稻草拴住一把剪刀吊起来，双手捏住草绳，再从米碗里抓几粒米摆在剪刀架上，朝着装有病人衣服和米的簸箕念念有词，念完后摩公就会说出是哪个鬼作祟，要讨什么食。傣族的处理手法又不一样，占卜之人在一根竹竿上拴一个饭团后，抓竿在手，不断地念着各路鬼神的名号，当念到某个名号时饭团突然跳动，那就找到病人冒犯的对象了。

种种占卜，都是人们破解未知和增添生活确定性的努力，而被选作人神沟通中介的占卜材料必是灵性之物，能与某种超自然力量相互感应。

"嘘，别惊动谷魂"

"谷魂啊，你是王；谷魂啊，你是主。""一粒谷，胜过千两金；一粒谷，胜过万挑银。""生命靠着你，人类靠着你"……这是傣族古歌《叫谷魂》中的唱词。"堂前供米神，邪鬼勿进门""门上有谷神，全家保安顺""门上有谷神，全宅保太平"……则是吴地流传的俗谚。稻作民族笃信谷魂

（神）就是命根子，关系着自己的安危福祸。

旧石器时代的人类已产生灵魂观念，并将人有灵魂推广到动物植物直至自然万物都有灵魂。远古时代没多少人口，但人们心中的世界却是精灵遍地走、满天飞，好不热闹，当中就有藏在野生谷物里的谷精。人稻结缘后，原始人常拿自己与这位亲密的植物伙伴类比，人类（尤其是女性）要历经新生、幼年、青春、生育、壮年、更年、老年，稻也有发芽、长秧、抽穗、扬花、灌浆、成熟、枯黄等相似的生命历程，因而原始人认为在两者背后必有魂魄在赋予生命力并支配生老病死。既然都是灵魂，那么稻魂也会和人一样，有喜怒哀乐的情感和饮食起居的需要。稻谷的魂魄通常是无形的，特殊情况下也显形为鸡蛋、蜘蛛茧或篦子果。稻魂平时寓居在稻谷中，有时也会离开稻壳游走在外，就像人的灵魂会在睡眠、病痛时临时离开身体或在死亡后永久离开身体一样。田里最后收割的那束稻穗特别宝贵，退无可退的谷魂一定藏身其中。只有谷魂在，稻苗才长得好，稻谷才积得多。有了这样的信仰，随之就会产生以谷魂为中心的成套仪式，包括祭祀、占卜和巫术等。以稻作祭祀为例，从播种、开秧门、吃新、开镰，直至入仓，都少不了祭谷魂的环节，只不过由于地方差异和时代变迁，分别派生出了祭谷神（谷娘、谷奶奶、米娘娘、谷龙）、秧神（秧公、秧婆）、田神（田公、田婆）、米神（米仙人、米老爷）、仓神和农神等不同样式。民俗学家发现，基本的演变顺序是：从魂到神，从女性偶像到男性偶像，从只拜谷魂扩大到兼拜山神土地，从稻作各节点全链祭拜缩减到春祈秋报两个节点祭拜。此外，谷魂信仰还伴随着一系列禁忌现象。

在大多数稻作民族的认知中，谷魂是位女性形象，她能耐极大，同时又很胆小，有时还带点娇气。可不能惊吓到或惹恼了这位神灵，谷魂一生气，后果很严重！那是要失收挨饿的，民间对待此事特别慎重，为此画了很多条不能踩的红线。侗族插秧时禁止用手相互传秧，只能丢在对方脚边，让对方自己俯身去拾，壮族则忌讳秧苗跨过身体。稻秧所藏的谷魂气旺，会与人魂相互干扰，搞不好会摄走人身上的魂魄。贵州水族在水稻抽穗时禁烧竹子，是为了不发出噼啪爆裂的响声，唯恐响声吓坏谷魂而长不出谷子，如同孕妇受惊会流产一样；贵州镇宁的布依族村寨，每逢秋收季节不准坐门槛，更不能踏门槛，就是怕谷魂以为自己不受欢迎而折往他处，导致收来的稻谷不耐吃或不经饿；有的苗族支系在吃新节这天忌讳外人进屋，这样会吓到或带走自家谷魂，所以要闩上大门举行祭祀；今天西南地区还有少数民族坚持用摘禾刀费力地逐穗收割稻谷，有个古老的解释，认为镰刀较大的锋刃暴露在外会吓跑谷魂，导致稻田下茬没收成，而小巧的摘禾刀可以包藏在手掌窝里不易被谷魂发觉；浙江宁波农人在拿出镰来割第一株稻时，便须说"田公田母，割勿移垣"进行劝慰；云南西双版纳各族意识到收稻打谷时难免要惊动谷魂，打谷前先要在田间祭拜以安抚谷魂，打完后须补一个"叫谷魂"仪式，把吓跑的部分魂魄喊回来，最后把田里掉落的稻穗当作谷魂拾回家；侗族不准少儿进禾仓，也不允许看，防止孩子说出谷魂不爱听的话；壮族平时禁止拿白米放在手上玩弄，否则会肚子痛；哈尼族忌讳在河沟里洗刷任何盛饭装谷的器物，以免洗跑谷魂。他们的"宗米吾"（插秧后祭谷魂）仪式要挨到晚上孩子们入睡后摸黑举行，以免亮光和声响吓走谷魂。没有办过"禾获获"（在稻田叫谷魂）仪式的稻谷不能入仓……

让我们悄悄地跟上一位云南红河哈尼族大妈的脚步去看看"背谷魂"吧。农历七月的第一个龙日是新米节，此时稻田刚泛黄。那天得起一个大早，哈尼族人全家都穿上新衣裳，来到正堂祭拜天地祖宗，并清理好禾仓。祭祀完了，大妈作为主妇选好一个干净的箥箩，装上一些刚供过神的饭菜，一个作为谷魂"行宫"的特别编制的包，再盖上一块洁净的红布，背上箩后手里再拿三根燃着的香，还有松明火把，就出发了。出门前不忘报告神灵："我去田里迎谷魂回家。"神和祖先听到后就会驱赶路上的孤魂野鬼和山雀野兽，护送谷魂安全到家。大妈在去稻田的途中，决不回头，决不四处张望，更不与过路行人说话，无论生人熟人都不打招呼。老规矩要求到达自家田头时东方刚露鱼肚白，再迟点的话就难以请动害羞的谷魂了，还要留够谷魂起床洗脸的时间。她在田边摆上供品插上香，面朝东方磕头作揖，口中念道："今年粮食丰收，全靠天地神和谷魂保佑显灵。今天是吉利日子，辛劳一年后的谷魂呀，我要请你回家，奢望谷魂能保佑我家有牛驮、马驮的稻谷。在此，包括田神在内，请接受我家敬上的一点薄礼，以示感恩。"紧接着用白棉线将一丘稻田中长势最好的部分禾稻围在圈中，表示画圈将谷魂围住了。然后，在圈里面挑选株数逢单的稻穴，将三株或五株粒多穗长结实饱满的连根带穗拔出，扎成辫子形的一小捆。株数忌双数。单数，东方，都与阳有关。随后，将谷穗包好连同祭品小心翼翼地放进篾箩往回走，一边走一边喊："谷魂回来，快回家来。"归途同样不许回头张望，不许中途停顿，不许和人打交道，以免谷魂受惊多疑不愿跟着回家。

到了家，大妈先在堂屋转三圈，等于是给诸神和列祖报个信，并告知谷魂这里是她的家。随后上楼进入粮仓，把带回的三炷香插在仓笼前再祭拜一番，揭开笼盖，口中不停喊："谷魂回来了，谷魂回家了！"接着把上一年的旧稻穗取出，放进新稻穗，并把米碗里的鸡蛋拿起来，对着强光透视蛋里的影子，如果影像充实即可判定谷魂已跟着安然回家。最后，将这枚鸡蛋小心放入仓笼，把盖子盖实。礼毕，仓笼又成了一个禁地，必须仰赖谷魂镇守粮仓，因此平时不可乱动，即使遭逢灾害也要千方百计保管好，里边的稻谷一粒也不能少。所有的稻作民族都特别忌讳空仓，那意味着没有了谷魂守仓，外面的害虫恶兽还有鬼魅魔怪就会蜂拥而入。粮仓祭仪结束才可以吃新谷，因为不经祭拜的新米谷魂得不到祖灵的保护，祭过神的米才是福米。大妈把早上背回的部分稻穗取出来，此时的稻谷还差几分熟，搓下谷粒，连壳下锅焙炒直至爆开米花。大家吃米花前，应先喂给狗吃一些。一定要赤手来抓米花，忌用工具，抓起来后别忙着塞到嘴里，要先放在手心数一数，如果是双数就

得放回去重新抓，直到抓到单数的米花才可以吃。

哈尼族人有吃新就是吃谷魂的观念，认为"吃新米饭可以把谷魂带在身上"。另外，早饭如有吃剩的切勿留到中午，只能倒给猪吃。整部"背谷魂"剧目的重头戏在于新老谷魂接力。为什么新米节选在稻谷只有七成熟的时候举行，而不是完全成熟时？就在于此刻的谷魂风华正茂，等到收割季节谷魂就老了，人们考虑到用正值壮年的新谷魂来替下去年的老谷魂，能保证自家谷魂恢复旺盛的生命力，轮回到下一个生命周期便有了良好的开局。当天的其他节日食物都在为同一目的服务。这天一定要上一盘破土的嫩笋，也是借着竹笋蓬勃上蹿的大好势头，象征稻谷收成节节攀升；还有新米节早上吃的那块腊肉必须带有猪尾巴，以示"有头有尾"；最关键的是蒸祭祖饭前定要在老米上面撒上一层新米，都是在预祝能顺利度过青黄不接，新粮可以续上旧粮。

上述禁忌全是为着保护、讨好和留住娇弱而圣洁的谷魂。往深里说，禁忌的功能就是划界，即划出世俗与神圣、凶险与吉利、洁净与污秽、日常与反常的界线。表面上它是在约束人们的行为，实质上是人为隔离出两个互不相通的世界。这样一来，善魂与恶鬼分处两界，谷魂得以免受外界伤害，其神奇生命力亦得以保持。

百家米的神力

先民对谷魂的理解很有意思，一方面谷魂之间相互区分，糯米有糯米的谷魂，粘米有粘米的谷魂，张家有张家的谷魂，李家又有李家的谷魂。另一方面谷魂之间可相互流转，先民们认为不同物种的灵魂是相通的，附在人身上是人魂，附在稻身上就成了谷魂，它们在不同的躯壳间飞进溜出，人和动植物的活力状态便随之有盛有衰。如果说哈尼族人背谷魂属于魂魄间的新老交替，下面要讲的吃百家米就算是"中外"交流了。

"百家米"是整个南方通行的禳灾祛病仪式，另有"千家米""百家饭"或"百家斋"的叫法。汉族地区多数为孩童举办，通常分为两种情况。一种是给婴儿办周岁礼。由老人抱着婴儿手执破碗，佯装乞丐模样沿街讨饭，施舍之人给米多少都无所谓，家人将讨来的"百家米"熬成稀饭喂小孩吃下，弱小的婴儿从此就会受到百家的福荫，其实是获得百种谷魂的庇护，让孩子变得命硬而容易养活。另一种是为病儿办祈愈礼。浙江丽水遇小孩体弱多病要行"兜百家米"之俗，由父母择吉日先到夫人庙（娘娘庙）去烧香礼拜，许下"讨饭愿"。许愿后用红布缝一个大口袋前往各家兜米，每讨一家就用红头绳打个结。事后要还"讨饭愿"，将讨来的"百家米"磨粉蒸成千层糕，切成一百小份，在村口或道旁分发给众人。浙江青田把许愿地点改成了孤老院，而且必须找邻居亲友讨满一百家，以讨得"长命百岁"的好彩头。江西宜春逢小儿夏天生疮疖后溃烂难愈时，家人便要讨百家米，并将讨来的米磨粉搅匀做成米粑，焚香拜祭以求孩子早日痊愈。等到祭拜后爆竹响完，就邀请围观的孩童过来和患儿一起吃米粑，孩子来得越多，米粑吃得越快，意味着病好起来也越

快。做成的米粑必须一次性吃光，表示要完全康复。

为什么必须磨粉搅匀？这是仪式成败的关键，唯有如此，百家的谷魂才能同时进入身体，令"百家米"变成非同寻常的神米。此类仪式暗藏的逻辑是：在许愿讨米阶段，米作为谷魂的载体从百家汇聚而来；接着在祭仪上，神灵助力下的病儿与"百家米"发生了双向交流，除了米中谷魂（善魂）进入病儿身体，病儿身体中的邪气（恶魂）也被引导出来分散到百家米之中；到了后面的散米还愿阶段，这些散开的邪气被百童嚼了个一干二净，这就是俗称的"嚼灾"。有人会问，那么致病的邪气岂不会对一起吃糕（粑）的孩童不利？请注意，对病儿来说是谷魂百加于一，对百童来说是邪气一加于百，经过百倍稀释后的邪气已远非任何一个小孩体内正气的对手，何况还有百家谷魂的护卫。可见，这种仪式就像一场跨界大动员，将百家的谷魂和百童的人魂都调动了起来，又像一场互助慈善会，活脱脱一个众家庭有福同享、有难同当的社区联防联控机制。有一个细节，讲究的做法是讨米时只能站在门外，做饭须临时在露天用砖石架灶，因灶上无屋顶遮蔽故名"通天饭"，孩童吃"百家饭"时也得在门外。这是刻意的安排，不仅是为了方便别人施舍大米和主家分赠米饭。"百家米"若带进家门，外面的谷魂就会和本家的谷魂相冲撞，而户外不是任何一家谷魂的地盘，谷魂们在此可以放心无碍地融合。

谷魂是生命力和健康的源泉，凡是体弱的人都可以借助它增添体力，故此一些少数民族的长者也吃"百家米"。每个人身上与生俱来的魂魄是固定的，布依族、壮族和侗族都认为年近半百或花甲的人身上的魂魄渐亏，若不及时补充新鲜谷魂，老人就难以健康长寿，因而要举行"添粮补寿"（也称"添粮祝寿"）仪式。举行仪式当天，亲朋晚辈都会送来几斤糯米或几把稻穗，集中倒在堂屋的簸箕里，前来贺寿的亲友围簸箕而坐，各舀三勺糯米或抓三束糯禾放进受祝者面前的口袋里，并一边唱道："老人家吃了我们的粮，就会百病消除，寿命像江水一样长。"唱罢，主人家设宴招待众亲友。最好是青壮年送米，他们的谷魂更强壮。之后受祝的老人就用送来的"寿米"（命粮）做饭吃，以便吸纳谷魂强身健体。另外还有一条加强措施：每逢新年伊始，布依族老人常走亲访友，在外吃几顿饭，就可借别家的谷魂充实自己。广西贵港壮族在婴儿降生的第三天，娘家要送三朝礼，当中就有女方各家亲戚凑集的白米，三朝米放进米缸与旧米相混后煮饭吃就能滋补虚弱的产妇。常人也可以办"百家米"仪式，如有鸟粪落在身上，或不小心掉进粪坑里，民间都认为是晦气的事，也是接下来要倒霉的预兆，此时宜祈求众多谷魂合力来驱走邪魔扭转运势。

"百家米"的流行范围这么广，难免会出现一些变体。在浙江奉化，如某家连年不顺，又是失火，又是失盗，还惹了官司上身，就会悄悄向七户不同姓氏的人家讨米，然后将各家的米拌在一起，就成了"七姓米"，接着再将"七姓米"偷偷地放在自家屋脊高处，用瓦片盖住，他们相信有谷魂在上镇邪就可逢凶化吉。虽从百家减少至七家，但原理还是一样的。有的人家图省事，直接向乞丐买米，他们很清楚流浪讨饭得来的米必定来自千家万户。布依族的简化版是"吃保爷饭"，如遇家中小孩体弱厌食，人们就会以为家里的谷魂与其命不合，得给孩子找"保爷"，孩子常到保爷家吃饭才会健康长大。水族人家碰见类似情况，就要为孩子举行"吃姑妈饭"仪式来禳解。先让小孩的姑妈蒸好一团糯米饭，再准备几尾鱼，用芭蕉叶包好后于吉日清晨或傍晚时分摆在村口水井旁，装作是别人家丢弃的鱼和掉落的糯米饭，然后由母亲或奶奶牵小孩过来吃。傣族祭"百家饭"与祭寨心神同期举行，是为了让全寨各家祖宗的魂能聚在一起吃一顿饭，全寨的祖魂之间亲近和睦了，全寨成员就会更加团结友爱，最终达至风调雨顺和人丁兴旺。此时的百家饭便有了凝聚家族和整合社区的社会功能。

　　说穿了，吃"百家米"就是一种巫术形式。占卜只是窥探神意，巫术却在操纵神力，禁忌规定不准做什么，巫术却要求必须做什么，可见巫术更积极主动。人类学家马林诺夫斯基精辟地总结了它的作用："巫术的功能在使人的乐观仪式化，提高希望胜过恐惧的信仰。巫术表现给人的更大价值，是自信力胜过犹豫的价值，有恒胜过动摇的价值。"

糯米之谜（一）：神灵的粮食

　　每逢传统佳节我们总能见到糯米糕点。春节要吃年糕和八宝饭，元宵节搓汤圆，清明节做青团，端午节包粽子，还做艾糕（糍），夏至也吃粽子，或者吃夏至羹，立秋打糍粑，重阳节做花糕，冬至则吃汤圆和糯米饭，全都由糯米制作而成。如今虽然我们的月饼主料是面粉，然而"礼失求诸野"，哈尼族和傣族都生活在我国滇南边疆，他们分别用汤圆和糍饼拜月，居处"永州之野"的湘南瑶族则燃稻草烤糯粽应节。在我们邻邦的中秋食品中也能见到原貌，日本的"月见团子"、朝鲜韩国的"松片（松饼）"、越南的"软月饼"均由糯米制成，这几个国家都是受旱作文化影响较小的稻作区。一般来讲，南方的粮食类节庆食品更接近古代传统，被清一色的糯米小吃把持，北方的节庆食品屡有变动，包括小麦代替黍粟，以及唐宋以后南方节俗的北传。过年时，北方吃饺子，江南吃年糕，华南吃煎堆，后两者都是糯米制品；冬至时，北方吃水饺、馄饨，南方大都会吃糯米粉做的冬至团，宁波还吃烤年糕，广州另有蒸糯米饭。南方少数民族的节俗中普遍离不开糯米，以云南元阳的瑶族为例，盘王节须做糯米粑粑和七彩糯米饭祭始祖，元宵节蒸糯米饭祭神和招魂，麻雀节蒸糯米饭或包粽子祭麻雀，端午节煮粽子祭谷娘，目连节必定会包粽子祭祖先。再看黔东南和桂北的侗族，春节必吃糍粑和侗果，兼喝油茶和甜酒；农历二月二吃红白糯米饭；三月三吃甜藤粑（清明粑）和黄糯米饭；四月八（姑娘节）吃乌糯米饭；端午节吃灰汤粽；六月六（粽粑节）吃粽粑和乌糯米饭；吃新节尝新糯米饭；九月九吃重阳粑、喝重阳酒；侗年（冬节）更是得大吃糍粑、大喝甜酒。

平日里我们很少有机会吃糯米，为什么在节日里各种糯米食品会纷纷冒出来，还非吃不可？那可不是"美味"两个字就能说得通的，多亏有人类学和民俗学为我们揭晓了内中奥秘。

第一，节日是种种古风遗俗的集中展演场。众所周知，节日与平日是颠倒的。人们一年忙到头，只有遇到节庆时才可全民偷闲；平时舍不得吃的好东西，过节时可以放开来吃；平时许多可以讲的糙话，在节日里却都不许说。所以，民俗学家称节日为"时空外的时空"，他们更关注的是整个社会周期性地在节日期间"返祖"的现象。传统岁时节日犹如一条时光隧道，定期让全民族脱离当下，穿越到他们祖先的年代，借以重温本民族古老的文化和历史，因而是一套接触和传习传统文化的制度安排。回归到这么一个特殊的时空里，人们要听长者讲述民族的神话传说、天神的功绩和祖先的训条，要看巫师主持神秘的仪式，并通过舞蹈再现祖先的生活场景，当然还少不了一项重要的体验——品味祖先当年的吃食。

第二，节庆食品的前身是神圣的祭品。古人信仰灵魂不灭，推己及神，用食物供养和取悦神灵。维系亲友的感情要靠多走动，维持神灵的保佑也得多拜祭。传统节日因民间信仰而设，由一系列礼仪组成，给祭祀活动腾出了专门的时间，也给人们规定了拜祭的义务。西汉礼学家戴圣说："夫礼之初，始诸饮食。"英语中称节假日为"holiday"（本义为"神圣的日子"），也是这个道理。为了成功地吸引并伺候好神灵祖魂，祭神的食品必须是洁净而珍贵的，祭祖的食品必须是祖先熟悉且喜爱的，换句话说，祖先原本常吃什么爱吃什么，祭祀仪式上就供奉什么，所谓"贵食饮之本"。如此一来，我们就知道南方的先民原来是爱吃糯米的。如今汉族的许多节日食俗的原初意涵流失太半，如元宵节只剩下吃汤圆，端午节也简化成了"粽子节"。然而今天南方少数民族的节俗中还可见到糯食与祭祀之间的清晰联系，糯米依然具有神圣性。因为担心吃糯米的祖宗不认识或不喜欢别的米，他们严禁上供不糯的普通米，以防跨界沟通的失败和祭祝愿望的落空，很多时候，这些民族供奉糯米前要先染色，使得米饭颜色更接近采集时期祖先所吃的各色种皮的稻米。东亚稻作民族几乎都指定糯米制品用于祭拜，他们共同连成了一个东至日本北海道，西抵印度阿萨姆的"糯稻文化圈"。

第三，祭品发挥效用的依据是巫术原理。祭品能奏效的逻辑在于两大力量传递法则：接触律和相似律。前者相信两个事物只要曾经接触过，那么它们脱离接触后，不管相距多远都还会交互感应。所以古人很注意保管好自己身上掉落的牙齿、指甲和毛发，以免仇人得到后作法加害。后者基于"同类相生"信仰，两物若在某方面类似，就会产生相互作用，击鼓祈雨就是用鼓声模仿雷声。人类学认为祭祀完毕后参祭者分食供品是一种"圣餐"仪式，古人认为吃祭品下肚是一种最充分彻底的接触，相信将最大限度地获得与祭品一样的优点，还有与神灵一样的力量，此时起作用的是接触律。天神倒不一定也嗜食糯米，但糯米团能轻易地捏出神乐见的各种形象，如神像、牺牲和果品，这里的牺牲是指祭祀用的牲畜，此时利用的是相似律。此外，先秦祭品多半气味芳香或味道浓郁，古人以为这类令人愉悦的刺激必是灵气的散发或神的恩赐。祭台上香甜的糯米酒就是祭神上品，西南稻作民族依然爱种"一家蒸饭满寨香"的香糯，不仅是为了增进食欲，也是为了在仪式上营造迎神的非常氛围。

余下的一个疑问是，先民为何要选择吃糯米？稻农很清楚，糯稻的产量要比普通稻谷低得多，生育期还更长。从生产的角度看，糯稻并不突出，关键在其蒸熟成为糯米饭后，拥有一系列令古人刮目相看的优异性能，仿佛蕴含着巨大而无穷的生命力。

第一，糯米能酿酒。《汉书》里将稻米酒列为"上尊"，其酒味甜醇，可以用于祭祀、待客和庆丰。如此珍美的"天乳"和"甘露"，人们当然会在第一时间敬献给天神和贵宾。糯米又叫酒米，最初人们极有可能是因为爱上糯米酒而爱上糯米的。由于蛋白质含量差异的关系，普通大米酿出的酒味道苦、品质差。故而北魏《齐民要术》在介绍酿酒选料时说"糯米大佳"，北宋《酒经》亦强调"造酒治糯为先，须令拣择，不可有粳米"。

第二，糯米饭耐饿，饱腹感来得既迅速又持久。与民间常识相左，糯米饭其实是容易消化的饭食，因为糯米的淀粉几乎全部是支链淀粉，支链淀粉能更快地提升人体血糖水平。往时，南方人干重体力活之前都要吃糯米。古人相信谷中藏魂，人吃饭后有力气是谷魂在发威，糯米饭比大米饭扛饿，说明糯米中寓寄的谷魂要比大米多。不少南方人认为糯米酒非常滋补，是妇女坐月子的必备。前一节已介绍，西南民族笃信幼儿吃糯米饭能祛病消灾，老人吃了则能强身添寿。还有一点值得注意，农家糯稻品种抗逆力强，多半比普通稻种更耐寒、耐荫和耐贫瘠。

第三，糯米饭耐储存。在没有冰箱和干燥器的远古，罕有食物能长期存放而不腐，人们想尽办法，通过晒干、烤焦、烟熏、盐腌、蜜渍、醋泡、泥封等延长食物的保质期。稻作先民发现熟糯米性质特别稳定。夏日的大米饭一会儿变硬当天即馊，糯米饭则能放置两天，已经干硬的糍粑泡在清水里几个月不坏，大块的在空气中放几年都没事，且防虫蛀，这也是一种神力的昭示。古时候拥有如此耐储存的性能具有非凡意义：人们在遭遇灾荒时可以坚持更久。糯米很适合做能保质多年的救荒食品，在苏州和宁波，至今流传着春秋时期伍子胥用糯米饭制砖砌城墙的故事，越国围攻吴国都城时，就是这些能充饥的糯米砖救了城里吴国百姓的性命。另外，用糯米灰浆砌的城墙异常坚固。手握糯米有如神助，军队长久地固守孤城成为可能，也更有条件发动远征了。历史上糯米在征战和度荒等紧要关头曾发挥了力挽狂澜的作用，因而具有其他谷物难以比拟的战略价值，作为战略物资的糯稻自然成了必种作物。糯米对古人的价值还在于，人们可以走得更远，活动半径扩得更大。只要带有糍粑，农人可以开辟更多更远的田地，中午不用回家，不用举火，在田头就能解决午饭；人们可以出门探望远方的亲友，在古代的南方，主人送别客人时定会赠送糍粑，缘由也在于此。

第四，糯米饭够黏。远古时期，自然界的黏性物料极少，搜罗遍尽也只能觅得松香、桐油和生漆。人们煮熟捣烂糯米饭，所获饭泥或饭糊的黏结力既强劲又持久，可以大量获得和方便应用。史前时代即已发明，用糯米和石灰、桐油按比例混合在一起，调成坚不可摧的"三合土"，古人普遍利用这种灰浆砌城墙、修水利、建宝塔、造桥梁等，据说现代盗墓者须动用炸药才能炸开用它筑成的古墓。尤为重要的是糯米象征着良性和紧密的社会关系，物理范畴的黏性被古代中国人借以比喻家族的凝聚、社群的团结、爱情的缠绵和友情的牢固，一直引申到保胎和留客的意涵。

第五，糯米饭够软。熟糯米突出的可塑性、抗老化性和黏性决定了其具有远超大米的优越加工性能，便于黏合聚拢不同性质的材料，炮制中药丸剂时可以作为调和配伍各种药材的绝佳中介和辅料，制作糕点时更是花样百出，可以随意搓扁揉圆，绝不会喧宾夺主地抢了其他食材的风味，配料上便能演绎出无数的可能性。在原始思维和巫术逻辑看来，糯米近乎是世界的本原了，拥有变幻多端、化生与调和万物的神奇力量。

上述可酿性、耐饿性、耐储性、黏性、可塑性及抗老化性统称糯性，这些性能全都拜糯米胚乳淀粉中含量高达98%以上的支链淀粉所赐，而含较多直链淀粉的普通大米则与这些性质无缘。控制糯性表现的是隐性基因，这种基因行事很低调，只要有显性基因在场，就不会显现糯性，因此自然界中糯性的野生稻株是十分罕见的。农家糯稻品种却拥有纯合的糯性基因，能长期稳定地遗传糯性性状，如果没有人工刻意地反复选留是不可能得到的。这说明，先民珍视糯性的价值，有意识地对稻种进行了一代又一代的定向选育。从发现糯稻的那一刻起，先民们就被它的特殊功用折服了，等到喝甜米酒上了瘾，吃别的米饭不觉饱，或者一场灾荒过后只有储存糯米的人家生存了下来，人们也就更离不开糯米了。赞赏和依赖糯米导致糯米被神化，人们便会赋予糯米力量源泉、健康化身、团结符号、富裕标志、民族象征等文化意义。一旦实现了从糯性到神性的升华，也就人为固定了对糯米的制度性需要，糯米制品因而成为隆重仪式和关键时节上不容替代的必需品，排除了在相关场合中使用其他谷物的可能。今天西南地区部分苗族、侗族和傣族仍坚守着这套神圣的糯米象征体系。要是给先人献面包，亲属就会呵斥：不献糯米饭是什么意思！想饿着祖宗吗？不要祖宗了吗？实属大不敬。要是给客人斟玉米酒，客人就要犯嘀咕：主人不欢迎我？还是说主人家太穷了？也会当成不敬，客人下回再也不来了。要是给情人送不黏的大米饭，情人肯定会生气：表示两人以后不能黏在一起了吗？只能跟着你一起受穷吗？说不定就这样吹了。以上可都是当地社会不可原谅的大忌。

稻作史研究权威游修龄先生特别指出："古代中国糯米的地位非常重要，秦汉以前糯米可能是（南方人的）主食。"糯稻之后，我国人民又首先培育出糯粟、糯高粱，以及后来的糯玉米，足见我们民族对于糯性的热爱与执着。

糯米之谜（二）：粽子的寓意

节日糯食花样繁多，我们可以拿常见的粽子来做例子，深入分析其文化内涵。粽（原写作"糭"，又名"角黍"）与一般糯米制品不同，它是裹有粽叶的。欲破解粽子的"文化密码"，还需一起探究粽叶的奥秘。粽子需要粽叶包裹，或许与远古时期将食物投入水中吊祭亡灵的旧俗有关。广为流传的说法是：楚人投米饭入汨罗江祭屈原，为防止食物被蛟龙夺走及江鱼争食，特在食物外包以粽叶，有了遮盖后，水中鱼鳖就看不见米饭了。再系上五彩丝线，忌惮丝线的蛟龙见了就会立刻躲避。粽叶还要扎成尖角，鱼鳖即使见到也会误认成啃不了的菱角，这就是所谓的"芰粽"。当然这只是民间传说，实际上粽子的发明远在屈原时代之前。楚地之外又有不同的说法，显然使用粽叶另有其因。

其一，粽叶充当隔离层。熟的糯米饭（北方的黄米饭也一样）是一团黏手的食物，不方便直接拿取，手和食物之间显然需要有层隔离物。植物叶片就是自然界中现成可用的薄片状包裹材料。其二，粽叶可充当隔断工具。糯饭团在计量上属于连续难分的"流程性材料"，相互胶黏在一起无法论个数，有了裹粽之叶后，大坨的糯米饭就能分隔成大小适宜的若干份，便于携带、分发和取食。由于以上两点，粽子不同于糯米饭、饺子等无包裹的节日食品，成为传统社会中经常用来互赠传情的礼品，成为适合大范围远距离分享的食物，从而拥有了特殊的社会价值。其三，适合烹煮。与普通大米不同，糯米的淀粉几乎全部是支链淀粉，糯米须用甑笼蒸熟而不宜煮熟，否则易烂易焦难成粒。用粽叶密封后就可以用锅浸水煮熟，以水为导热介质能显著提高受热效率。在没有锅釜的时代，先民们为了加热无法直接烧烤的谷物，发明了几种办法：一是将米和水灌进竹筒封好，塞入火堆煨熟，南方各地的竹筒饭其实是特殊的粽子，正所谓"以竹为粽"；二是用叶裹米的方法，这样就可以投入蓄水的地坑，通过不断丢进炙热的石头保持水沸，直至最后煮熟，又免于散成稀粥。余下的两种方法分别是隔着石板炙熟和割开猎物肚皮塞进米粒一并烤熟，但因受热不匀而效果不佳。其四，塑造特定形状。粽叶包裹捆扎，可以将糯饭团固定成某种特别的形状，以满足特定礼仪的要求。东晋范汪的《祠制》有云："仲夏荐角黍。"粽子的一个原初功用是祭祀，祭献的对象包括水神、谷神、土地神、图腾、獬豸、先贤和祖先。所谓"角黍"，就是远古时代最高等的牺牲"太牢"的替代祭品，拿扎成牛角形状的粽子充当牛头，这反映出农业已发展到耕牛宝贵需限制屠宰的阶段。壮族和侗族都用三只大粽子来代"三牲"，畲族至今还在制作牯角粽。这种做法在传统节日中表现得特别明显，至今一些少数民族同胞仍循守着古礼，在不同的节日裹扎不同形制的粽子，分别供奉不同的神灵。在广东博罗，人们为便于分辨馅料和味道，把甜粽都包成三角形，而把咸粽都包成长条形。其五，利用所含的有益成分。由于紧贴内容物且长时间同锅共煮，粽叶自身特有的芳香物质、色素、药用成分和营养成分可以充分渗进糯饭团。粽叶具有的香气能提升粽子的风味，普遍具有开胃和解腻的功效。其六，便于存放和取用。用粽叶包裹就要系上丝线，有了丝线就可以挂在竹竿或铁钩上，能更好地利用空间，又方便随时取食。几个粽子系在一起叫作"一提"，九个穿在一起就叫作"九子粽"。其七，整个粽子能产生重要的文化意义，糯米、粽叶及粽绳共同构成了一个完整的文化单位。容易被人忽视的一点是：不管是箬叶、蕉叶、芦叶，还是菰叶，所有的传统粽叶都性属寒凉。中医认为糯米和黄米皆性温，有的馅料甚至带有"热毒"，古人就特意选用了寒性或凉性的植物叶片包粽，以求清热解毒。

粽子为何能在端午节上扮演核心角色？农历五月初五是个很特殊的转折点，五五相重，五午相通，午为阳辰，处于战国时期《吕氏春秋》所言的"阴阳争、死生分"交汇点上。这个"恶月恶日"是一年中最"恶"的一天，又是草药的药性最强的一天，故而战国时期的《夏小正》说："此日蓄药，以蠲除毒气。"人们需要粽和其他辟邪物一起来助人顺利渡过这个关口，为此产生了蓄兰沐浴、斗百草、插艾草、挂菖蒲、薰苍术、佩香囊、饮雄黄酒和食灰水粽等一系列民间习俗，以药气压毒气。雷州人民和海南黎家的鸭嫲粽之所以要编成鸭状粽壳，是因为鸭能啄食毒虫。此时粽叶就成了一道符，这应该是西晋周处所编《风土记》中"仲夏端午，烹鹜角黍"的由来。南朝宗懔的《荆楚岁时记》又载"夏至节日食粽"，有可能粽子与夏至的渊源要比与端午的渊源更为久远，有人认为端午节就是源于夏至。夏至日也是个交替点，此后的趋势是阴盛阳衰，需要借助粽子在这天祭阴扶阳。在古人看来，粽子和包子、饺子、馄饨、元宵、月饼、鸡蛋属于同一类食物，因为它们都密封无口、中央带馅，也就是没有"窍"，是饱含潜能的"混沌"结构，所以《风土记》中说"盖取阴阳包裹未散之象"。这样一来，解粽就有了打破混沌、开辟天地的寓意，吃粽则意味着混沌和合，以至外邪不侵。不仅如此，粽角数的奇偶、粽形的方圆也有阴阳意涵。在道家宇宙观看来，如果缺了粽叶，结构是不完整的，阴阳是不平衡的。只有裹上粽叶，粽子才成为一个致中和的整体，从而获得驱邪纳福之功力。汉族靠粽子度夏，壮族还要靠它度岁。广西南宁壮语中包粽的发音"独逢"，与包襁褓的"独朋"相当接近，意味着粽叶就如襁褓，承载了保护生命种子和潜力源泉的重任。

后来，民间又赋予了粽子许多象征意义，产生了一套有关粽的"语言"。"粽"本就和"中"谐音，若用粽叶折出细长似毛笔的"笔粽"，就会受到渴望"必中"的古代科举考生的青睐；若给新婚的人送九子粽，就表达了"中子""送子"还有"众子"的祝福；包成四角形则表示四季平安。再如，顺境时吃粽子，粽叶代表围住了幸福；逆境时吃粽子，解丝线剥粽叶代表解除了厄运。所以，传统上"解粽"是一个重要仪式，古人总是认真对待，期盼端午节当天全家人都能聚在一起"共解"。老人会叮嘱不可用刀切开或用剪子剪开粽子，该禁忌的理据有好几条，既因为丝线是不能断的"长命缕"，解丝线才有排解忧难的作用，也缘于一个更原始的信仰——要小心保护栖居在糯米里的谷魂。但是，用丝线绞开又是允许的，因为丝

线没有刀锋。

再往后，仪式摇身变作游戏，大家互比解下的粽叶的长短，最长的算赢。《岁时杂记》有记载："京师以端午为解粽节，以粽叶长者胜，短者输。"这类似于另一个端午民俗——搏子（斗蛋，此时的蛋叫"囤囤蛋"），两蛋相碰后以蛋壳不破为胜。两个游戏都和古时的占卜分不开。端午节是必须讲竞争和搏斗的，否则战胜不了开始冒头的邪气，龙舟竞渡的原意就是要比谁能更快地遣送走瘟神。宋代还有"粽里觅杨梅"之戏，司马光有诗为证："懒开粽叶觅杨梅。"

民俗学家乌丙安先生曾感叹："一个端午节粽子，各民族就吃出了各自的花样。"然而在外表形式的多样性之中，又蕴含着我们中华文化精神内核的高度统一性，那就是，有这么多的兄弟民族共同依托粽子来传递情感、凝聚力量、纪念先贤、战胜邪恶、追求美好，并一起坚守了数千年！

糯米之谜（三）：过渡的桥梁

竹节的"节"、节奏的"节"与节日的"节"在意义上是相通的，我们的传统岁时节日全处在自然界周期变化的节点上，农耕民族依据这类标志天时和物候转换的日子来安排农业生产，并形成了农耕社会的年度生活节律，是一系列节日将一年的时间分割成性质不同的若干时段。我国的传统历法属阴阳合历，其中建立在朔望月基础上的阴历节日有三类：一类是"日月并应"的重日，有正月初一（春节）、二月初二（花朝节）、三月初三（上巳节）、五月初五（端午节）、七月初七（七夕节）、九月初九（重阳节），有的民族会过"六月初六"（吃新节）；一类是月圆的"望日"，有正月十五（元宵节）、七月十五（中元节）、八月十五（中秋节）和十月十五（下元节）；还有一类是朔望之间的初八或廿四，如四月初八（牛王节）、六月二十四（观莲节）、腊月初八（腊八节）和腊月二十四（小年），这里面包括了一些宗教节日；最后一类是以回归年（太阳年）为基础的二十四节气，最重要的有"两至"（夏至、冬至）和"两分"（春分、秋分），即昼夜时间长短转换的四个关键点，"四立"（立春、立夏、立秋、立冬）次之，清明亦是古人重视的节日，这几个节气都对应着各自的祭仪。

过渡仪式理论告诉我们，从脱离前一个时段到进入下一个时段之间存在着一个过渡期，这个过渡期就是节日，相当于要跨过一条河才能到达彼岸。而新旧相交之际是两种力量斗争的时刻，既十分神圣又充满危险，此时人们必须寻求一个富含灵气与力量的载体来对抗危险，我们民族找到的正是糯米。糯米制品是成功实现重大交替的不二法门，人们凭着它才能顺利地完成年节仪式中前后时段的过渡。南方人过年一定会吃糯米，无论是吴语区的年糕，还是粤语区的煎堆，无论是壮族的粽子，还是侗族的糍粑，都是借着糯米的灵力（谷魂）来辞旧迎新。

不仅如此，一个人新旧身份的转换还得靠糯米。在出生、成年、婚姻和丧葬几大人生关口，都要经历社会角色的接受与转换，中间同样也有两头不到岸的尴尬时点。典型情形是迎亲路上花轿中的新娘，她刚出娘家门失去了"女儿"的旧身份，又还没进婆家门取得"媳妇"的新身份。没有身份的人是神秘而危险的，对当事人也是一大考验，民间会举办人生礼仪助人安然度过这个过渡期。所以许多地方都有"吃了汤圆长一岁"的观念，过生日时特别是成年礼上必须吃，否则就不能享有与新身份相应的地位和权利，或者会影响日后的人生运程。汉族的人生礼已经移易和淡化，但今天湖南通道县阳烂侗寨的人生礼仍与糯米紧紧地捆绑在一起。

先说出生礼。婴儿一降生，侗家人就会在自家门楣上挂糯稻草和芭茅草，一则宣布新成员的诞生，二则防止外邪入室危害小生命。听到报喜的外婆家会带上一早备好的甜糯米酒赶来看望。婴儿生下三天要办两三桌酒（当地侗语叫"勿三引"，仅限于双方房族内的主要亲戚），来赴宴的妇女每人要提三竹筒糯米。待到做三朝酒（当地叫"玩三闷"）时，大摆宴席邀请双方亲友同来庆贺，一般亲戚要送来八九筒糯米，主要近亲在送来的礼物中要有一篮糯米饭，外婆家则要送两篮糯米饭和几条酸草鱼。满月酒要在外婆家办，陪护婴儿来的郎家人送给外婆的礼物中也有一篮糯米饭和酸草鱼。满周岁时，外婆家亲戚每一户都会用七八筒糯米打一块大的圆形糍粑，然后集合队伍挑着粑粑一路放着鞭炮前来外孙家喝酒庆祝。根据阳烂寨风俗，头胎小儿出生后的第一个春节，外婆家要给小外孙送年粑粑（当地叫"送虽起"），正月初二，外婆家每一户都派一小伙担年粑粑送来，然后外孙家招待吃午饭。小儿三岁之前，舅家要做一架织布机给自己的姐妹，做好送来时织机上要搭配两把糯禾。

再说婚礼。婚礼上新娘送给婆家亲戚的礼物是糯米饭（叫作"陪嫁粑"），带回娘家的礼物还是糯米饭（叫作"大红粑"）。新娘进门当晚，男方会邀请一位有福之人指导她将糯禾放在火塘之上，然后打第一锅油茶（内含糯米）敬谢夫家亲戚。喝完油茶后，新娘从火塘上的炕笼取下五六把糯禾，拿到吊脚楼底去舂米。新娘要接连三天早起以示勤劳，凌晨三四点就开始舂米蒸饭，往往蒸好一桶糯米饭天还没亮。新郎请吃新娘酒（当地叫"沾高买"）时，前来的亲友要送一篮糯米和一条酸草鱼。接着新郎的舅家请吃转脚饭，新郎要带去的礼物包括一篮糯饭。再往后是送回转酒给新娘家，新郎方面要备好一百斤糯米酒、十多条酸草鱼、十筒阴米（阴干的熟糯米）和男方族内每户帮捐一篮糯米饭等。侗族有不落夫家之俗，秋收时节男方要派人去岳丈家请媳妇回来帮忙收稻，男方也要准备糯米饭和酸草鱼等礼品。

接着讲寿礼。侗族人在体力开始衰退的四五十岁时办"添粮祝寿"仪式，祝寿的亲友都要送上三筒糯米或三束糯禾。湘西的通道属于较为传统的南侗地区，而芷江则属汉化较甚的北侗地区，日常生活早已不见糯米，但在重要节点场合仍会显露往昔生活的痕迹，比如酿寿酒必须使用糯米，平时喝的大米酒、玉米酒和红薯酒上不得寿礼。整个侗区过寿都饮用糯米酿的"重阳酒"。

最后谈丧礼。如遇老人新故，也要在家门口挂一把糯禾示意。家人要给亡者手中捏一团糯米饭（或在其胸前搁一碗糯米饭）和一些银钱，以备亡灵去阴间的路上吃用。在灵前摆一张供桌，桌上要放几碗盛满的糯米饭和几碗生糯米。阴阳先生号穴开土时，要一边唱一边把谷米撒在所定位置的中心，接着家人要挑糯米饭和酸草鱼等上山慰劳挖墓穴的青壮年。铺棺纸前，须用糯禾草将棺材里面清扫干净。

就这样，糯米贯穿了侗族人从摇篮到坟墓的整个生命历程，糯米之魂伴随并护佑始终。

随着生产发展和文化变迁，汉族社会的糯米逐步走下了神坛，在占稻居多的地区已可用不糯的粘米作为供品，在经济发达的城镇糯米已转变成常食的副食小吃，就像嘉兴的粽子、温州的糯米饭。人们钟情于它黏软而不生硬的口感，青睐于它可以随意成形、容易与各类食材黏合搭配的加工性能。南宋见于记载的糯米小吃猛然增多，吴自牧的《梦粱录》里摘录了"四时皆有"的几十个品种，是他在杭州城所见，包括栗糕、重阳糕、糖蜜糕、山药元子、珍珠元子、金橘水团、澄粉水团、裹蒸粽、栗粽、金铤裹蒸茭粽、巧粽、豆团、麻团、糍团……不过这些要和现在的小吃相比又是小巫见大巫了，苏州的糕点老师傅会做的各式糯米点心竟达千种之多。

看如今的汉族习俗，节庆中的糯食不仅利用了糯性内在的文化价值，还利用了食品的外表和名称衍生出的许多其他寓意。年糕取"糕"的谐音，在过年时吃能得"年年高"和"步步高升"的好彩头，在生日时吃又喻示"长高长大"或"高寿"；同理，汤圆取其"圆"，意味着家庭"团圆"和事情"圆满"；八宝饭取果脯的金色和糯米的白色寓意"金玉满堂"。正因拥有丰富而层叠的象征意义，糯米及其制品在中国人的仪礼生活中获得了特别广泛的应用。

南方的"面条"

在吃上最能显现我们民族的创造力和想象力了。

北方食物的花色品种多出自面粉和杂粮，南方米食的多样性则出自米粉，包括糯米粉和粘米（普通大米）粉。一旦粉食就可以变化无穷了，糯米泥多做成团块，黏性弱的粘米粉走的是细条或薄片的路子。糯米已讲得够多了，现在轮到介绍普通大米了。

没有糯性的大米原本只作粒食，尝试把它磨成粉，应是汉代发明石转磨之后的事。有意思的是，从文献记载上看，最初的米粉并不是拿来吃的，是用作搽脸抹身的化妆品，而且是供男子使用。《颜氏家训》里提及南梁全盛之时"贵游子弟……无不熏衣剃面，傅粉施朱"。北方移民来到不种麦子的南方，怀念家乡面条的味道，便就地取材试图用大米磨粉做成细条来解馋，不过也不能排除是当地人主动模仿北方移民的吃法。与之搭配的肉类多半是北方常见的牛肉和羊肉，桂林还用马肉。湖南常德牛肉粉源自清代的回民驻军，贵州兴仁牛肉粉也出自清真粉馆，皆是南北融合及民族交流的见证。即使华南的广州和潮州，牛肉也是米粉条的固定搭配，粤式名点牛肉炒河粉简称"牛河",却没人讲"猪河",隐隐透出与北方的渊源。可惜米粉的延展性较逊,更易断,好在这种南方的"面条"(米粉条,以下也称"米粉")也另具风味。米粉的特性也造成了工艺上的不同,传统面条的细丝靠用手拉伸面团而来,米粉条的细丝是挤压米浆通过筛孔成形的,宽片则是摊薄的米浆凝固而成的。细长的米粉条可煮可炒,宽片的需要蒸熟。

东汉九江太守服虔在《通俗文》中提到过"煮米为糁",有学者猜测线状的"糁"即米粉条。有关制作米粉的最早记载来自已经佚失的《食次》,幸而《齐民要术》中有引用。奇怪的是,这是北方的记述,且是以糯米作为原料,若以此作为现代南方米粉的源头有点牵强。书中称糯米粉条为"粲",该字本指精舂之米。煮熟的粉条纠缠如麻,故南北朝时又称"乱积"。宋时,江西一带已盛行吃粘米粉条,称其为"米䉽"或"米缆"。南宋诗人陈造曾作《徐南卿招饭》,诗中有一句:"江西米䉽丝作窝,吴国香粳玉为粒。"他又作《旅馆三适》,特别题注:"予以病愈不食面,此所嗜也,以米䉽代之。"首句形容说:"粉之且缕之,一缕百尺强。"另一位南宋诗人楼钥在答谢友人送给他米粉的诗《陈表道惠米缆》中写道:"江西谁将米作缆,卷送银丝光可鉴。仙禾为饼亚来牟,细剪暴干供健啖。……盱江珍品推南丰,荷君来归携来东。"楼诗中"盱江珍品推南丰"指的是赣东的米缆,可见南丰不仅蜜橘好吃,米粉也有名气。稍晚,一位叫谢枋得的江西诗人写有《谢人惠米线》:"玉粒百谷王,有功满入寰。春磨作琼屑,飞雷落九关。翕张化瑶线，弦直又可弯。汤镬每沸腾，玉龙自相攀。银涛滚雪浪，出没几璇环。有味胜汤饼，饫歌不愁瘝。包裹数十里，莹洁无点斑……"诗人对整个加工和食用过程做了生动而浪漫的描绘，简直爱米线爱得不行。待到明时，宋诩在《宋氏养生部》中说："米糷，音烂。谢叠山云：米线。"叠山就是谢枋得的号。米粉条之所以首见于江右而非江南，在于宋代的江右是推广占城稻和双季稻的"模范生"，同时又是推广麦作的"差等生"，产米多且以不糯的粘米为主，产麦却极少。麦子少也罢了，北边又偏偏紧邻着麦作区，老是瞅着人家吃面条。结果，在江南人谋划着拿麦子做面点、拿糯米酿黄酒，而无暇顾及大米加工的时候，江西人却在琢磨着怎样把大米变成"面条"。

今天整个南方都喜食米粉，常作早餐，也作待客的小吃，当中可加肉菜，省去了另外炒菜。米粉按形状可分为圆粉和扁粉两种，如果进湖南粉店，同样一嗓子"老板，来碗粉"，在长沙会给你端出一碗扁粉，在常德会给你一碗圆粉。按烹饪方式又分为煮粉和蒸粉两类，在宝岛台湾分别叫作"水粉"和"炊粉"。

由于方言差异，各地对粉条的叫法千差万别，即使同一个方言区内的做法也分化明显。海南儋州至今还保留着古称"米缆"（米糷）。云南现今通称"米线"，可明代嘉靖《大理府志》仍称"米缆"，清代乾隆年间所撰《滇南闻见录》改作"米线"。云南省的米线地方品种繁多，做法颇为考究，以蒙自的过桥米线最为著名，还包括富有民族特色的哈尼族红米线和傣族臭米线（酸浆米线）。浙江和闽北叫"粉干"。以衢州五十都粉干为例，分为"雪粉""丹丝""束条""龙须""锦绳"五种。闽南和粤东潮汕地区叫"粿条"。这个称呼还传到了潮汕籍华侨众多的泰国，同属闽南语方言区的台湾也有"粿仔"或"粿仔条"的叫法。闽粤台琼的客家地区叫"粄条"。广东大部分地区叫"粉"，珠三角有濑粉，粤西有捞粉和竹篙粉，粤东有腌粉，广州的沙河粉和顺德的陈村粉名扬海内外，马来西亚怡保粉和柬埔寨金边粉的根就在沙河。今天风靡世界的"pho"即粤语"粉"的译音，20世纪初由广东华侨带到河内再南传西贡，越南战争后借越南难民散播至欧美。在安徽南部、浙江温州和湖南桃源，将蒸制后切条的米浆薄片称作"米面"，赣西呼作"汤皮粉"，贵州唤作"剪粉"。如果像春卷那样再包馅料卷起来，在珠三角和粤西讲粤语的地区被称作"肠粉"，在粤东和闽西讲客家话的地区被称作"捆粄"，在潮汕地区称之为"卷粿"，在广西被称为"卷粉"，在贵州则被称为"裹剪粉"。最多见的叫法还是"米粉"，流行于赣、湘、黔、川、渝还有鄂南、桂北等广大嗜辣地区，湖南常德津市米粉、贵州贵阳花溪米粉和遵义虾子米粉、四川绵阳米粉和南充米粉都是代表，重庆米粉似乎被重庆小面盖过了风头。在米粉的疑似发源地江西，尽管在历史上走马灯似的换过许多名字，但今天已普遍使用简称"粉"。令人意外的是，江西出产过闻名两宋的南丰米粉，如今却几乎没有什么能在全国叫得响的米粉品牌。实际上，江西人个个都是吃粉行家，南昌的拌粉、萍乡的炒粉、景德镇的冷粉、宜春的扎粉、抚州的泡粉和上饶的烫粉等做法各具特色，老表们津津乐道的地方品种有南昌宗山米粉、吉安峡江米粉、赣州会昌米粉、新余水北米粉、抚州娄浒米粉和麻姑米粉。广西也是一个博大的米粉博物馆，各地风味大相径庭，生榨粉、酸粉和滤粉等花样百出，其中桂林米粉、柳州螺蛳粉和南宁老友粉三足鼎立。除此之外，海南有腌粉和抱罗粉，台湾有枫坑米粉和新竹米粉，湖北有黄潭米粉，福建有兴化米粉（捞化）……最后还要算上广西的"粉虫"和云南的"饵丝"这两个米粉界的另类。如果来到一个地方却没有尝一碗当地的米粉就算不上来过。大家同属南方稻作区，但地域性和民族性就是透过米粉的不同得以鲜明地表达。

如同北方朋友眼中的面条，一碗米粉，就可以勾起无数南方籍游子的乡愁，许多返乡人一下车想做的第一件事并不是回家，而是直奔米粉店大快朵颐一番。20世纪末以来，在现代化浪潮的迅猛冲击下，不仅传统的糯米糕点做法多已失传，而且大部分地区的手工粉条也被机器加工粉条所代替。这类非物质文化遗产的消失不仅是我们味蕾的损失，也是民族特色和地方文化多样性的损失。爱好米粉的朋友们难免对稻米加工的发展趋势感到无奈，只能"且吃且珍惜"。

回首看米饭

糯米糕点和米粉好吃，毕竟不是常餐，粥（稀饭）和饭（干饭）才是。孔子说："人莫不饮食也，鲜能知味也。"米饭我们天天要吃，熟悉得不能再熟悉了，可米饭也恰恰最需要我们去重新认识。就好比在旧时，即便是家住长江边，喝长江水长大的人，也未必清楚这条母亲河的源流和伟大。米中有"道"，一米一世界，若是蓦然回首，米饭还是我们熟悉的那碗米饭吗？

　　先来看"米"是什么。甲骨卜辞中已有作为祭品的米字；东汉许慎说是"粟实"；唐代贾公彦说"黍、稷、稻、粱、苽（菰）、大豆六者皆有米"；明人缪希雍说粳米是"五谷之长"；今天的字典已为米字给出了"特指去皮的稻实"的义项。可见，汉代前后的小米霸占了米字，唐代包括稻在内的六样粮谷共用米字，合称"六米"，之后稻排在了"六米"或"五谷"之首，现在轮到大米要垄断米字了。实际上，南宋吴自牧在提"柴米油盐酱醋茶"这开门七件事时，所言的米就专指稻米，可见稻在那时已开始独占米字了。接着说"饭"字。《说文解字》云："饭，食也。"这个"食"字既是名词也是动词；魏晋之际的谯周说"黄帝始蒸谷为饭，烹谷为粥"；唐诗中经常可见"稻饭"；现在我们说"米饭"，指的都是稻米饭。出生于浙江绍兴的东汉人王充说："食稻之人，入饭稷之乡，不见稻米，谓稷为非谷也。"吃惯米饭的南方人改吃面食总是不觉得饱，如果问候一位南方老人："您吃过饭了吗？"即使他（她）刚吃过不少饺子或烧饼，老人仍会回答"没吃过"。如果长辈见到孩子只啃面包、嚼薯片，多半会关切地询问："怎么不正经吃饭？"这就是稻米情结。

　　米饭是主食。发明陶器后米饭的地位不断上升，采集稻米煮粥已经满足不了先民的胃口，随后野生稻被驯化成栽培稻，陶鼎也被改造成陶甑，结果很能饱肚的蒸饭成了主食。远古人类虽然不懂营养搭配或膳食均衡，但他们面临一个很实际的问题：蒸饭又干又硬不好下咽。要是有能下饭的佐餐之食就好了。他们首先想到的是烹制肉类或蔬菜直至出汁，羹就这样制作出来了，它就是菜的前身。商代青铜器用簋盛米饭，用豆（此处指一种食器）盛肉羹，演化出今日饭锅饭碗和菜锅菜盘两个并行的餐具系列。到后来羹里加上五味调成了浓汤，这样一干一稀，一淡一浓，以稀送干、以浓压淡，饭与羹成了一对好搭档。概括起来，古代南方人的饮食就是"饭稻羹鱼""饭稻羹莼"或"饭稻羹菰"。后来的发展有点意思，羹里的肉越来越少，菜里的肉越来越多，最早的菜往往指没有一丁点肉的蔬菜，现在的菜可以指没丁点蔬菜的肉肴。自宋代始，菜就代替了羹，奠定了以饭为主食，以菜为副食的饮食结构。哪怕是带馅的粽子、糍团、包子或饺子，作为饭的皮和作为菜的馅也是截然分开的。西餐不怎么分主副食，中国人的主副意识却根深蒂固。若不信可以留意食堂用餐，食客落座后往往会有一个不自觉的细微动作——调整餐盘方位，即使只打一两饭，他（她）也会让米饭朝向自己，肉菜再多也只能放在外围。我们都是万年农夫的后代，骨子里认定米饭才是一顿饭的中心。

　　"饭"是一个弹性概念，在南方特指大米饭，在北方可指三餐。北方朋友也有面食情结，问候语还是"吃过（饭）了吗"，没有人会说"吃面了没"或"吃馒头了没"。饭既可和菜相对，又可包括菜。换句话讲，饭是指包括主食、菜和汤在内的正餐，与零食相对。之所以选饭字来指代一顿正餐，而不是用菜或羹字，还是因为米饭是主食。"堂前开饭店，屋里贩扬州。"南宋释慧远的诗作中已见"饭店"一词。明代顾炎武亦作有"出郭初投饭店，入城复到茶庵"之句，这可是投宿的所在。将旅店称作饭店，看来古人认为吃饭比睡觉更要紧。而今住宿的饭店少了，酒店却多了起来。

米饭是粒食。粒食保持了完整的米粒，没有破坏完整的谷魂寓所，在东方大地有着比粉食更本源的文化意义。单纯从这个意义上讲，糯米饭和粽子作为祭品的等级要高过糍粑和年糕。最早创制出釜、鼎、甑等粒食炊具的是南方人，最早被放入鼎甑炊成米饭的是稻米，最早养成粒食习惯的是稻作民族。《尚书》所载"烝民乃粒"是一件值得大书特书的事，就是说大众都开始粒食（吃米饭）了，标志着华夏民族坚定地走上了发展农耕的道路。华夏诸族以"粒食者"自居，滋生起相对于周边游猎（牧）民族的文化优越感，同时也形成了农耕民族内部的向心力。《晏子春秋》就说："四海之内，社稷之中，粒食之民，一意同歌。"这种族群认同感和归属感首先萌生于长江中下游的稻作社群中，成了中华民族凝聚力的最初核心。米饭是开化民族的食物，追逐豢养动物的"不粒食者"被划归为野蛮人，甚至不算人，要叫"蛮貊"。所以早期曾禁止用米饭喂食禽畜，只能用秕谷，鸟兽怎可以碰文明人专享的粒食？

"民以食为天"有两种解释，一是说吃饭问题是关乎百姓生存和政权稳定的天大事情，一是说米饭是不可暴殄的天物。既然是上天赐予的珍物，糟蹋它即逆天道而行，当然是一种难以饶恕的罪过。我们民族一向以珍惜粮食为美德，从小就被教导吃饭忌留碗底，不然长大了就要和一个满脸是麻子的人结婚，甚至讨不到老婆（或嫁不出去）。饭勺黏住的米粒都要刮下来吃掉。人们还相信，将米饭丢出门外是会遭雷劈的。傣族关门节的来历和禁止践踏稻田庄稼有关，为了不影响农忙，僧人也主动禁足三个月。"家有万石，不丢剩饭。""惜饭有饭吃。"这是全民族对饥荒频发的惨痛记忆，是丰年也当歉年过的强烈危机感；"谁知盘中餐，粒粒皆辛苦""一粥一饭，当思来之不易"无疑有着悯农的成分；"当为食饮，不可不节"也是为政者治国富民的考虑；对于富裕阶层，"节饮食，养体之道也"。然而，很少人会提到爱惜米饭也是圣餐的要求。只要愿意，今天的中国老百姓完全可以实现顿顿吃大米饭。可在古代，即使是南方稻农，也无法奢望天天能吃上白米饭，平时以杂粮糠菜充饥的他们只有趁着祭祀的时候才能品尝到它的滋味。

有米才有礼

《管子》有云："仓廪实则知礼节，衣食足则知荣辱。"这句名言讲的是治国愿景，并不是本节想要表达的含义。提请各位注意，"禮"（礼）、"醴"二字共有作为礼器的"豊"，而醴是稻米所酿。下面我们将从民俗起源的角度来考察"有米才有礼"。

稻株、穗、谷和米都是自然界本就存在的，熟的粥饭却是人为加工的产物，这是一种有意识的行为。最早的米饭在味道上实在让人不敢恭维，还远不如其他食物那样容易获取。如果只是为图生存就不必非吃米饭不可，我们不禁好奇先民们不辞劳苦地得到这样一碗米饭的初心，今天如此普通的米饭在滥觞之际也许一点也不普通。

单凭理性思维难以理解先民们为何选择如此小颗粒又难弄熟的食物，这不是放着阳关道不走偏要过独木桥吗？仪式理论可以解释这种舍简求繁并坚守成习的反常举动，那就是有了神灵信仰后反复进行的祭献。"人生只有修行好，天下无如吃饭难。"吃饭怎会与修行搅到了一块？因为两样都难。我们已经知道，仪式就是要追求反常制造神圣，通过施行禁忌来中止日常行为是一种办法，通过做出怪异行为和寻获珍异事物也是一种办法。所以说，最初吃熟食很可能不是为了讲卫生或易消化，而是为了跟平时吃的生食不同。最初吃米饭也很可能不是为了喂饱肚子或容易消化，而是为了跟平时吃的野果兽肉不同，或是为了酿酒献给神。自然界本有现成的野浆果酒或野蜂蜜酒，可我们的先民瞧不上这类由果糖一步发酵而来的酒，硬是要酿出米酒，这样就必须用酒曲先对谷米中的淀粉进行糖化，下一步才进行酒化，比酿果酒复杂多了，这样做还是为了能有珍异取悦神灵。进一步引申，不管是北方的兽皮衣还是南方的树皮衣，都是大块无纺布料缝纫而成的简易衣服，可远古的中国人不太爱穿。他们在五六千年前就不厌种桑、养蚕、缫丝、织造及染整等一长串繁杂的工序，去织就一件丝绸衣服，很难说没有诚意修行或模拟巫术的成分在内，比如说在丧礼上给死者裹上丝绸模仿蚕茧就能羽化升天。出土最早丝织品的河南荥阳和浙江湖州都是原始粮作农业区。

若从食物的门洞里管窥米饭，那米饭就是米饭，无非是一堆可资果腹的碳水化合物。若从礼仪的视角去观照米饭及其生发的食俗，那么许多围绕中国饮食文化的谜团就会迎刃而解。吴谚说："米是宝中宝，斋神最最好。"一方面，食物是神灵的至爱和祖灵的刚需。另一方面，饭和酒能吃进祭祀者体内遍达全身，再没别的东西像饮食这般深度地接触人体，使得巫术中的接触律可以发挥最大的效力。故而《礼记》说："夫礼之初，始诸饮食。"鼎、簋、笾和豆这套敬鬼神的礼器都是盛饮食的容器，而农器和兵器都没有这个资格。礼的本义就是通过宴请鬼神来获得保佑，后来才引申为用礼节来规范人伦秩序、用礼物来改善人际关系，由敬神转为敬人。至于是礼仪创造了（神的）饮食，还是（神的）饮食创造了礼仪，那是一个鸡生蛋还是蛋生鸡的问题。

可以肯定的是，正是食物与礼仪的深厚渊源，整个加工和食用过程倾向复杂而精细的风格，从而造就了中华食俗的第一大特色——特别注重食物的准备和制作过程。"食不厌精，脍不厌细"，首先应该是做给神灵看的。举两个极端的例子，像

清代江浙一带官家的奢菜"猪脯",还有《红楼梦》里描写的
"茄鲞",这样极尽繁复的菜式在国外是找不到的。

不似摘几个坚果、捞几个螺蚌自己就能处理,献祭食物的
准备是一项集体活动,这既是复杂制作的需要,也有尊重神灵
和共同盟誓的意涵。南方人做糍粑,一般先由妇女舂好糯米,
然后由男子蒸熟并捶打成饭泥,再回到女性手上做成糍粑。北
方人大年夜包饺子也是一家人一齐动手。每每这种时候,人们
总能感受到分外浓郁的年味和亲情。

中华食俗的第二大特点就是亲族共餐制,可视为前述神学
意义上的吃饭在社会学层次上的延伸。《周礼》说:"以饮食
之礼亲宗族兄弟。"祭献的食物既要请神祖吃,也要和家人一
起吃。只有共同分享祭品,神灵的法力和祖宗的保佑才能传导
给所有参加祭拜的人。聚族而居的中国人不提倡独食,餐桌上
热闹了,老人家才高兴,天上的祖先见了也觉欣慰。饮食礼仪
进一步发展为礼教,所谓"粒食兴教"。仪式的一项重要功能
就是维护人伦秩序、强化社会团结,所以最讲长幼尊卑,餐桌
上的座次和进餐的先后容不得半点马虎,晚辈要为长辈盛饭,
长辈也要为晚辈夹菜,桌上气氛其乐融融,家庭成员间的亲情
与恩义也得以彰显。吃米社会的长者即使体力远逊青壮小伙仍
然可以得到家人的供养和优待,古代的一些牧猎民族就大不一
样,那是一类"壮者食肥美,老者食其余"的吃肉社会。再来
看礼仪蔓生出来的一些外围的饮食习俗。"同一口锅"对应同一
灶火同一家神(魂),"同一口锅里吃饭"的是亲人,或是特别

紧密亲如一家的关系，能够相互依赖、共同进退。中国文化可以通过称兄道弟认义亲来扩展可靠的社交圈，结交很投契却无血缘关系的外人。为什么一起吃过饭、喝过酒后好办事？因为在远古的祭礼上共餐就是结成共同体的盟誓，誓约之后不可信任的外人就成了可以信任的自己人，并随之带来相应的权利和义务关系。为什么中国人在吃饭上面能集节俭和铺张于一体？其实并不矛盾。身处一个人口过密、粮食常乏的社会，个人的家常饭是相当节省的，碗里不能剩米饭，连掉在地上的米粒也要捡起来吃；但在节日和待客场合集体会餐却是神圣而紧要的仪式，必须倾其所有奉献出又好又多的食物，尤其是酒和肉——都是由数倍分量的粮米转化而来，敢于拿出自己最珍视的粮米来挥霍，体现了对尊神和贵客的诚心。神祖会对诚心报之以灵验，客人则要通过放怀喝醉让自己进入一个全然不设防的脆弱状态以显诚意。

中华食俗的第三个特点就是讲求阴阳平衡和系统和谐。这已上升至哲学意义。祭仪上有人神沟通，通过引导魂魄力量的交流互动达至天人相合的良性状态，包括人体小宇宙与身外大宇宙的应和。中华饮食讲求食材间的有序配搭，分作君、臣、佐、使，且要随季节而变，做到"不时，不食"，还有药食同源，充饥、养生两不误。至于热、寒、补、损、毒诸性的协调中和，上文讲粽子和粽叶时已做过实例剖析，恕不再赘述。总之，礼仪将食物系统化了，也将进食程序化和规范化了。这套食物逻辑已占据民族文化的枢纽位置，可以推演到中国人生活的各个方面。以米为核心的一顿饭，确实饱浸了礼仪文化，已成为海内外华人的一门高深艺术，也是区别于外族的身份符号。

中国文豪乐于写些烹饪饮食方面的文字，却不见有英国文学家愿碰这个题材。英美文化不重视吃，甚至认为吃饭不应妨碍其他生活事项。就有西方人直指我们尚吃的文化还停留在糊口求生的阶段，甚至鄙夷地认为仍未超出动物本能需求的水平，这实在是对中华饮食文化的莫大误解，他们不知道我们的礼正是来自米，中国人吃饭就是在祈报和修行。吃饭能占据我们社会文化生活的核心位置，在于它完美地统合了两件最重要的事：作为一个生物人的肉身不致饿死的同时，也通过其礼仪赋予了我们作为一个社会人的生命。从穿着、居住、出行再到娱乐，现代中国人的生活方式已受到外来文化的冲击，所幸经过改良的饮食传统尚在，我们手上依然拿着筷子端着米饭。在外来文化日渐猛烈的冲击下，饮食文化已是我们中华文化为数不多的几个仍在坚守的堡垒之一。

稻米人

人稻携手相伴上百个世纪，稻作文化对我们的浸染早已深入骨髓，塑造了我们独特的民族精神。许多人注意到主食不同，民性也不同。《大戴礼记》云："食肉者勇敢而悍，食谷者智慧而巧。"西方人吃肉，造就了喜欢冒险、进取和争斗的性格；中国人吃米，潜移默化出安土重迁、相对保守和内敛的性格。熟悉西南民族风情的读者知道，同一座山和同一碗酒，如果是在山脚的布依族、壮族或傣族寨子做客，主人会端起酒碗热情而温和地劝你："来，干一口。"等你到了近山顶的彝族、苗族或瑶族村寨，豪爽主人的劝酒词还是那几个字，可顺序就变了："来，一口干！"甚至你连寨子还没进，拦路酒已经先喝上了。这个差别就在于一边是世居河谷地带的稻作民族，一边是从事狩猎和旱作的山地民族。

前几年，又有美国的社会心理学家抛出了一个"稻米人"理论，用来说明南北方中国人的性格差异。该学者发现南方稻作省份的人群更倾向于整体性思维，而且更倾向于相互依赖和集体主义，人际交往中会尽量避免与人冲突，带点拘谨和含蓄，离婚率也更低；而种麦为主的北方省份，则倾向于分析性思维和个体主义，自我程度高一些，性情上更加外向和直率。粮作的不同可以解释这些差异，稻作需要大量人力，稻农们常要组队劳作，尤其要求大家必须齐心协力来建设灌溉系统，疏浚公共水渠，协商分流比例和漫灌时间。傣族谚语就说："种田地，约村人相助；沟塌方，要共同抢修。"事实上，水渠要分流到张家村和李家寨也许是农业灌溉的普遍现象，但灌水时先通过甲的田，再来到乙的田，最后流进了丙的田却是水田独有的问题。甲若截流，下游的乙和丙就要喝西北风，甲在自家田里施肥，肥水也能马上流去外人田，这些都需要大家坐下来友好而细密地协商。这个结论对于老外也许很新鲜，对于国人来讲却并不陌生，其解释有多在理暂且不论，但"稻米人"到底有何精神气质确实很值得探讨。

稻作民族的民族性是个大题目，让我们主要聚焦稻作文化发展最为成熟的江南，不能说下列情形皆为稻作社会独有，但是江南稻乡将之推向了极致。从嗑瓜子谈起吧，丰子恺说中国人都是"吃瓜子博士"，吴越地区嗑瓜子的习俗可以溯至正值稻作转型的宋代，我们何以对如此小的瓜子仁都不放过？虽说农耕民族天然对破壳取仁敏感且兴致盎然，但如果缺了要回收一切资源的意志，恐怕就不会发明这一样零食。我们还拿西瓜皮、南瓜叶、茄子把和大蒜根做菜，从不丢弃鱼鳔、鸡爪、牛杂和猪下水，将动物内脏和边角料都制作成美味，也是同样的道理。中国传统农业社区里没有"垃圾"这一说，现代城市社会避之唯恐不及的落叶、厨余和粪便对稻农来说都是宝，即便田里的杂草也是有用的，只是认为它们长错了地方而已。事实上，无论是土地、光阴、旧物、野生动植物、公共福利还是个人职权，我们难以容忍一切资源的闲置。就资源利用的充分程度而言，很少有民族能跟我们媲美。

稻作发展带来了高密度人口，迫使整个民族必须牢固树立起物尽其用、杜绝浪费的意识，没有哪种驱动力比饥饿随时临头所产生的驱力来得更大。若欲理解中国稻作社会，这是一个绕不开的基本出发点。人们常说小农意识，这是与现已工业化城市化的民族来比，实际上农民是最早做年度生产计划的人群，在农耕民族中最会做长远打算的要数南方稻作民族。富于忧患意识的稻农们必须提前计划多茬轮作、维修水渠、准备肥料、贮藏食物和种植救荒作物，尤其重视积谷防饥、养儿防老，中国人爱储蓄就是对这种传统的继承。

不仅食物资源匮乏，发展机会也是极为稀缺的，令稻作社会的竞争压力名列农耕社会榜首。全民重视教育，都期盼着自己的子女能成龙成凤，吃上"皇粮"就是为了逃脱稻作内卷化的命运。无数南方稻乡男儿立志"学而优则仕"，翻开1300多年的科举史，大多数（南宋和明清的绝大多数）进士头衔被南方籍学子收入囊中，三分之一的状元桂冠花落江浙，其中苏州是全国出状元最多的望郡。不过，当强烈的成功愿望遭遇匮乏的实现手段时，部分国人身上好赌的一面就容易理解了，但这不妨碍大多数务实的稻农鄙弃投机。还有喜攀比。身处一个做普通人都有负罪感，连不加班都有歉疚感的社会，人们难免满心焦虑。中国人争取出人头地的方式有自己的特点，这种竞争一方面很激烈，另一方面却还能保持关系，我们追求斗而不破的境界，不喜武力而尚智取。拿现代球类竞技来说，我们不太擅长足球、篮球，却以乒乓球和羽毛球雄霸世界。人稠地狭的稻作区如果有篮球场大小的一块空地，会优先用作晒谷场或养鱼池，而要专门辟出足球场那么大的一块地来踢球是不可想象的，这得少打多少稻谷呀！更何况这两个大球项目需要直接身体对抗。小球项目占地少，还有张网隔开对战双方，能扬技巧之长而避体能之短，这才受到群众欢迎。

还是由于人口压力和资源限制，稻农不得不内向化。这里的内向不指性格，而是说聪明才智和时间精力的运用方向，也就是说在向外开拓遇阻后转向了对稻农自我的开发。人多地少不但逼出了种无闲田，也逼出了种无虚日。唐宋东南水田发生的精耕细作革命完全是一场勤劳革命，前文已讲过江南农民是如何无限制地付出时间来种稻养蚕的，他们随时准备着压缩自己本就少得可怜的那点休息时间。民族地区也轻松不到哪儿去，山区老农的脊背多被挑稻谷的扁担压弯，他们常常感喟旧时每天起早贪黑在田里忙活，以至"爹不认得崽，崽不认得爹"。改革开放之初，我国东南沿海迎来了第一批主要来自南方各省的农民工，厂家雇主很快就欣喜地发现，这些稻农勤劳刻苦又温顺守纪，特别好管理。亚洲四小龙和我国东南沿海地区原都是水稻产区，它们的经济崛起不是偶然的，稻米人精神与现代工商业精神必有某种暗合。今天的中国人都是宋代江南人的好学生，无数人的工作手机保持着一年365天、一天24小时开机，青壮年为了多挣点钱养家，从不计较半夜出工或节假日加班，即便是可以安享晚年的老人也往往闲不下来，总想帮着子女做点什么。说了这么多，都是在说我们民族崇尚勤俭，这个品质还透出一股螺蛳壳里也要做出道场来的坚韧劲。

前文还讲过明代江南出现了落后农具淘汰先进农具的事件。古代中国人的巧思很少用来发明外在的高效器械，即便发明出来也会被人讥为"奇技淫巧"，精英们可以转向诗书和权斗，稻农们只好埋头挖掘自身潜能。西方人连抽个签都非要找几根麦秆作道具，至少也要有枚硬币；华人是以自己的身体作道具，连三岁小孩都会用小手来分出胜负，剪刀石头布也行，手心手背亦可，甚是灵活简便。同样是购物结账，老外还在忙着找计算器的时候，我们国人早就心算出了答案。走进欧美人的厨房，仿佛置身于一个琳琅满目的厨具展览馆，每把刀、每口锅都有专门的用途；老式的中国厨房与之相比就寒酸多了，家什加起来屈指可数，大半是多功能的通用工具。中国厨师不太瞧得上那些花里胡哨的西洋装备，认为只要技艺高超，无论什么厨具都能烧出好菜来，"运用之妙，存乎一心"，依赖外力怎能显出自己的本事？明代恰是中西发展大分化的起点，他们自此走上了外向发展的快车道，中国技术却停滞不前，结果到鸦片战争时，只有大刀长矛甚至赤手空拳的我们在洋人的坚船利炮面前吃了大亏。在快要亡国灭种的关头，被打醒的中国人终于下狠心补上了之前不重视发展科技的短板。一旦数亿稻米人的才智精力得到解锁向外运用，必将迸发出推动国家现代化的巨大力量。

作为农耕民族的中国人看重眼前的现实，人口过载的稻作区更讲求实用。今天我们可能会站着说：看，小农多么短视！但小农有小农的苦衷，他们时常在温饱线上挣扎，能吃上饭、活下去才是第一要务。宋朝的江南开发已饱和，早就丧失了可以狩猎采集的生态缓冲区，赋税租费负担又日益沉重，如果稻麦或蚕桑减产，农家就要卖儿卖女，如果失收，就要家破人亡。一代代的经验教训告诉他们一条颠扑不破的真知：种稻确实很辛苦，却是最熟悉最保险的营生。务农才是务本，不可轻易离土离乡接触未知。小农必须患得患失，因为闪失的代价是不可承受之重。要劝说他们接受一样新鲜事物，稻农总会发出灵魂拷问："这个能当饭吃吗？"非得自己亲眼见到了实效才肯尝试。只重经验的农人尊敬的是阅历丰富的长者而非讲抽象原理的学者。奉行实用太过头，的确使得我们民族少了"诗和远方"，它带来的另一个副作用是封闭保守。

殊不知有一个领域，农人的实用促成了高度的开放。农夫们在引进新奇农作物方面毫无禁忌，有用就立马拿来种，救荒作物的普及尤为神速。我们对此见怪不怪，老外见了却一个个惊叹不已。美国人类学家劳费尔很感慨："中国有一独特之处：宇宙间一切有用的植物，在那里都有栽培。"鉴于此，他称赞"中国人是熟思，通达事理，心胸开阔的民族，向来乐于接受外人所能提供的好事物"。法国汉学家谢和耐也夸中国人在植物资源利用方面富于创造性。英国科技史学家李约瑟还注意到，中国人在历次"书厄"中焚毁过很多书，却不约而同地对农书和医书网开一面，刻意加以保护。南方稻农在吃上甚少忌讳，当初追求新异勇尝稻米、米酒和米醋的民性保留了下来，菜单要比北方的长多了，粤菜的选料广泛就是其一大强项。北方的食物体系很早就规范化和等级化了，这套礼制对江南影响很大，因而江南在南方是个例外，"蛙羹蚌臛（肉羹）"等地方菜品长期受正统文化排斥，到近世才得登大雅之堂。

江南的精耕细作也是登峰造极，"轻割轻收轻轻放，颗颗粒粒要归仓"的精神转投手工制作就是精雕细琢，投入到财务管理就是精打细算，投入到学术研究就是精研细磨。精细已渗入稻米人的血液，成了对待生活的基本态度。20世纪下半叶的计划经济时期，上海和广州都发行了半两粮票，跟一个馒头就二两的北方不同，市民们凭这张小额粮票真能买到一碗稀饭、一根油条或者一块蛋糕。改革开放初期没有高速公路服务区，司机师傅要开车去广州的话，不管是从郑州还是昆明出发，就会发现这一路上停车吃饭，越近广州，饭碗的尺寸越小，到了广州没有三五碗饭根本吃不饱。虽然碗碟变小了，但碗碟里的品种增多了，想想苏州的糕点和广州的早茶，哪个不是多得应接不暇，如果每天尝三样，并且天天不重样，吃上一年还不一定能尝遍。这份精巧细致的劲头儿所创造出的高度精致生活，被见识过的外地人惊呼为人间天堂。至今民间仍在流传"生在苏州，长在杭州，食在广州，死在柳州"的说法，分别赞美了四地的园林、丝绸、饮食和棺木。这几个地方都位处南方，展示的是精致稻作文化的不同层面。刺绣可谓超级精细的手艺，苏绣、粤绣、湘绣和蜀绣是中国四大名绣，也无一例外落在稻作区。"精"字本就是米字旁，原义是精选的上好白米，它代表着一种不马虎、不将就的态度，一种不断精进、追求上佳的精神。

区区数言，岂能道尽稻米人及其文化？但我们已感知到，粮作品种与民族文化之间存在着高度对应且密不可分的关系，稻米早已成为南方人民的身份标签和情感依归。正应了美国人类学家明茨的一句话："我们吃什么食物在很大程度上揭示了我们是什么人。"简而言之就是人如其食。

龙的传人

无水则无稻，稻作文化是一种水文化。稻米人将无数美好的寓意寄托在水之上。广东人常讲"水为财"，粤语"沓水"（很多钱）和"一嚿水"（一百元）中的"水"都是钱的代名词；壮族和布依族相信水能孕育万物，最喜傍水而居，认为水象征着生命和兴旺；傣族泼水节里泼的可不只是水，还有幸福和平安。

稻作民族中盛行鱼崇拜和蛙崇拜，是因为先民非常羡慕鱼和蛙的繁殖力。这与一粒能生千万粒的稻谷十分相似。鲤鱼和青蛙，特别是青蛙，又能消灭不少稻田害虫。两者还是水乡民众重要的蛋白质来源。它们与稻还有一大共同点，那就是须臾不能离水。在鳄鱼遍地爬的时代，还流行过鼍（鳄、蛟）崇拜，《说文解字》将鼍归为"水虫"，即大型水生动物。在开春繁殖季，求偶的青蛙和鳄鱼叫得很欢，春雨也在此时润泽大地。古人察觉到，每一年蛙叫鼍鸣、春雷和雨水就像约好了似的总是一同出场，很自然地认为是这两种亲水爬虫动物的鸣声唤来了雷雨，所以唐代浙江人章孝标说"田家无五行，水旱卜蛙声"，北宋另一位浙江人陆佃（陆游的祖父）说"鼍欲雨则鸣"。于是，遇到少雨的年景，人们为了祈求天降甘霖，特用鼍皮蒙作鼓皮，"鼍鼓逢逢"响似雷鸣，所以最初敲鼓是为了鼓励雷神降雨，后来才发展成抬鼓到战场上激励士气，直至成为一种乐器。南方的铜鼓无需蒙皮，古越人将知天时报雨讯的青蛙铸到了铜鼓面上，并直接称其为"蛙鼓"。铜鼓文化广泛流行于我国西南地区和东南亚稻作区。壮族有用稻草拴铜鼓耳或倒置铜鼓装稻谷的习俗，谓之"养鼓"。雷王和姆六甲、布洛陀并称壮族三大尊神，掌管雨水的雷王与下凡了解人间旱涝的蚂拐神是亲子关系，蚂拐就是青蛙，壮族的祖先西瓯人和骆越人为祭祀他们的功勋动物郑重设立了蚂拐节（蛙婆节），并将之展现在花山岩画上。

蛙崇拜和雷神崇拜紧密连接，鼍抑或雷电则是"竜"（龙）的原型。鼍与龙皆有鳞有足，南方民间俗称扬子鳄为"土龙"或"猪婆龙"，古时还有体形庞大的蛟鳄。《说文解字》对龙字有释义："龙，鳞虫之长。"后面还有一句"春分而登天，秋分而潜渊"也值得细品，春分乃水稻的播种季节，正是最需要雨水的时候，稻作于秋分后便不再需水了，龙的升潜与春种秋收是对应的，这样一来能兴云作雨的龙就成了种稻之民最为敬畏的灵兽。比对一下"鼍""竜""電（电）"三字的字形，尾巴部分一模一样，稻作民族认为它们是相通的。稻作文化中，亲水动物（蛙、鳄、龙）和水（雷、电、虹）是一体的，人们认定它们会相互感应。不管是击鼓还是舞龙，甚至包括拔河（绳似龙），原初都是为了促成天地交合，即给稻田祈雨。

众所周知，伏羲、女娲等始祖神有人首蛇（龙）身的形象，龙最终上升为中华民族顶礼膜拜的图腾，众多稻作民族也开始自称"龙的传人"。为什么笃定龙是与水稻的节律合拍，而不是其他谷类呢？依据就在稻和鼍的生长环境是重合的，野生稻和扬子鳄在又干又冷的北方旱作区是生存不下去的。再看"二月二，龙抬头"。农历二月初，东南沿海稻作区开始迎来雨季，抬头的是水中龙，所以说"龙不抬头，天不下雨"。同期的华北恰逢春旱，抬头的则是天上龙，即东方苍龙七宿，而天象观念的龙要比水虫形象的龙更晚出现。《淮南子》中说，"陆事寡而水事众"的古越人"断发文身，以象鳞虫"。"文（纹）身"是为了像龙子，吴越一带把船刻成龙形并挂龙子幡也是给水中蛟龙看的徽记，这就是龙舟的由来，祭龙送灾的需要又催生了赛龙舟。具有龙体的伏羲、女娲都是南方稻作民族的首领；被认为与伏羲是一脉的太昊，则是东方稻作民族的首领。

有不同的声音说龙身似蛇且源自北方，只说对了一半，龙身是蛇也是虹，虹字的偏旁是虫（蛇）。黄河流域仰韶文化的彩陶龙和辽河流域红山文化的玉猪龙都要晚于长江流域印纹陶上的龙纹，印纹陶面的云雷纹继续保留在后起的铜鼓上。百越都有龙形水神创造河流的神话，布依语、壮语和傣语都将雷和虹归属为有生命的动物。壮族的图腾流变兴许能帮助我们理清龙、鼍和蛇的关系。壮族十二生肖的第五位不是会飞天的辰龙，而是水中神兽图额，它呈鳄鱼之形，汉译蛟龙，有人认为汉语中鳄的发音就来自图额的"额"（"图"只是表示动物的前缀）。图额是与人相争、不行好事的妖物，人们畏惧它的强大，于是主动献女攀亲，蛟龙被作为图腾来崇拜。之后演变成蛇形的龙，出现了人对龙有恩和龙女嫁凡人的故事，人们继续崇拜但已不惧怕龙了。前面的蛟龙阶段对应的是生产力水平低下的水边采集渔猎时期；其后的蛇龙阶段已是鳄鱼渐渐远去的农业时期，人们拥有了更大的力量去改造自然，于是龙由大鳄瘦身成了小蛇。苗族也对龙敬而不畏，还分水龙（包括蛇龙、蛤蟆龙）、旱龙（包括猪龙、马龙）两类，不知是不是南北龙文化交融的产物。伏羲也是文化交融的成果，传说其父雷泽氏的族群图腾是鳄龙，其母华胥氏的则为蛇龙。"能幽能明，能细能巨，能短能长"的龙变幻莫测，其本原究竟是北方的蛇还是南方的蛟，或是半蛇半蛟，仍是个有待方家揭晓的谜。西周时的华夏族群已将龙虚化为一种观念，进入汉代才定型为现在我们能辨认的形象。看祈雨祭的发展，祭天在前祭龙在后，六朝以后龙才与共工、蚩尤等并列为官方主祭的水神。为何自六朝始？龙成雨神既有僧人的推波助澜，又是稻农的现实需求，而六朝时期东南地区的稻作和佛教都很兴盛。

水稻的生境是淡水的湖沼湿地，栖息在此的水生或亲水动物极少有高等哺乳动物，江豚和水獭是例外，在今天已是濒危物种。请留意，同一生境中的鱼、蛙、鼍、蛇，还有龟、鳖和水鸟，都是卵生的。古时东夷人认为禽鸟有送谷之恩，种稻后又感激鸟类不停在水田松土啄虫的功劳，产生了与生殖崇拜、太阳崇拜糅合在一起的鸟崇拜。产卵动物进阶图腾后神化了卵生，形成了所谓的卵生文化。稻作先民不是不和胎生动物打交道，林中有兽、家中有畜，不过皆非最重要的图腾动物。建立商朝的殷人兴起于东方，疑是东夷一部，其始祖名契。《诗经》说"天命玄

鸟，降而生商"。《史记》接着讲"见玄鸟堕其卵，简狄取吞
之，因孕生契"。神话研究表明，卵生圣人神话盛行于中国南方
和东南亚水乡，与稻作之间有着无法割断的千丝万缕的关系。那
龙的卵呢？龙珠便是，南方多地流传的吞珠化龙传说能说明这一
点，双龙戏珠也是这个道理。讲到这儿，读者已明白为何稻作民
族的祭祀、占卜和巫法场合，鸡蛋往往和稻米联袂上阵了。两者都
是生命力之源，都具辟邪之功效。有种说法，认为除日月之外，还
有鸡蛋这个鲜活的身边实例，共同启发了古人的阴阳思想。蛋白为
清，蛋黄为浊，处于破壳而出前夕的生命孕育状态，卵拥有化生万
物之势，即最大的潜能。卵生说发展下去又产生了更高级的形式。
三国时东吴人徐整写的《三五历纪》载："天地浑沌如鸡子，盘古
生其中。"有的传说中盘古是龙蛋所出，开天地后又升天去做了雷
公。葫芦生人和女娲造人神话也都与卵生崇拜有关。

　　早期南方的汤圆、稻饼（糕）和馅粽全是在模仿鸡蛋的层
次构造，后来北方面食大行其道，月饼、包子、饺子、馄饨都
未超出稻米祭品的定式。馄饨的名字，就是取意于混沌。《燕
京岁时记》云："夫馄饨之形有如鸡卵，颇似天地混沌之象。"
馄饨，连同面条、油条和油饼又是反向传播的典型，今天南
方大部分地区都已接受，跻身于常见早点之列。南方人受这
类北方面点的启发，用米粉（浆）依葫芦画瓢做出了米饺和米
面（米粉条）。这两个例子只是千千万万个南北文化互促共融
事例的代表，而最具标志性的事件发生在华夏文明成长的童年
期，龙飞升为稻作部族和旱作部族共尊的图腾。

　　回顾整部皇皇稻作文明史，不禁令人心潮澎湃。倘若将灿烂的中华文明比作一幅多彩的宏图巨画，那么夏代以前的南方稻文化已先行为之染就了一层淡淡的底色，且勾勒出局部的轮廓；由夏至唐全是北方粟文化的浓墨重彩，它的大手笔奠定了全幅的主色调，黍文化和草原文化的留痕亦点缀其间；唐以后南方稻作和北方麦作似双笔，继续添彩，而稻作之笔力道更显苍劲，两者竞相丰富和完善画面，终于合成了我们今日所欣赏到的壮丽图景。可以说，小草籽创造了大历史。

　　由鸟食变人食，又由零食变主食，再由少部分人的主食变成大多数人的主食，稻米角色的转变引发了人稻关系另一端的巨变，也就是人类社会自身的改天换地。人类随之由漂泊者变定居者，又由采集狩猎民变农人，再由作为小规模社会一分子的部落民变成大规模社会一分子的国民。粮谷资源有别于其他资源，它能活命，它还能积累。自从种出了富余的粮食，人类社会就能一直做加法，无论是人口增殖、财富积累、生活改善还是文明进步。催生文明并促使其不断复杂化、精细化的源源动力正是余粮，而孕育和滋养中华文明的是栽培高产水稻（以及北方的粟麦）所带来的丰实余粮。近一千年，我们民族的发展壮大首先倚赖的就是稻米攒下的家底。没有水稻，中华民族不会成为近古时代世界上生活水平最高的民族，也不会成为今天世界上人口最昌繁的民族。

　　一部稻作史就是一部中国人民不懈地解决吃饭问题的奋斗史。纵有天赐的风水宝地和嘉禾良种，也不会自动冒出满仓粮谷。马克思说得好："肥沃绝不像所想的那样是土壤的一种天然素质。"油黑发亮的水稻土就是多少世代人力积极干预的结果。可贵的是，稻农们在充分发挥能动性的同时，还维护了与自然的良好关系，实现了"天、地、人、稼"的和谐。"须知白粲流匙滑，费尽农夫百种心。"南方农人敬稻如神又养稻如子，倾其所有为之奉献，正是我们民族的一片赤诚之心最终感动了水稻，促其无保留地展现出自己的种种优良潜质。反过来，一代代中国人也在稻田中不断地接受身心的历练。没有水稻，中华民族也难以锻铸出如许勤劳、智慧、节俭、坚韧、忍耐、温和、含蓄、安土重迁、敬老怀旧、注重亲情、顺应自然又追求精致的精神品格，也不会有我们民族生生不息的顽强生命力。

一万年风雨同路，人稻相互提携一道成长，早已血脉相连，凝成了谁也离不开谁的同构关系。中国人民成就了今天大行于世的水稻；水稻也深深地嵌入到我们民族的文化基因之中，成就了今天屹立不倒、自强不息的中国人。

参考文献

安德森，2003. 中国食物［M］. 马嬰，刘东，译. 南京：江苏人民出版社.

陈淳，1997. 稻作、旱地农业与中华远古文明发展轨迹［J］. 农业考古（3）.

陈勤建，2020. 江南稻作生产与中国鸟文化［J］. 书城（6）.

费尔南·布罗代尔，2017. 十五至十八世纪的物质文明、经济和资本主义：第1卷［M］. 顾良，等译. 北京：商务印书馆.

弗雷泽，2006. 金枝［M］. 徐育新，等译. 北京：新世界出版社.

高成鸢，2012. 从饥饿出发：华人饮食与文化［M］. 香港：三联书店.

郭静云，郭立新，2014. 论稻作萌生与成熟的时空问题［J］. 中国农史（5/6）.

郭静云，郭立新，2019. "蓝色革命"：新石器生活方式的发生机制及指标问题［J］. 中国农史（4/5）.

郭立新，郭静云，2021. 从古环境与考古资料论夏禹治水地望［J］. 广西民族大学学报（2）.

河野通明，1998. 江南稻作文化与日本：稻的收获、干燥、保存形态的变化及背景［J］. 农业考古（1）.

黄仁宇，2007. 中国大历史［M］. 北京：生活·读书·新知三联书店.

黄思贤，2014. 从稻作词汇看黎族稻作文明的源头与发展［J］. 中央民族大学学报（1）.

黄宗智，1992. 长江三角洲的小农家庭与乡村发展［M］. 北京：中华书局.

惠富平，2016. 稻米春秋：中国稻作历史与文化［M］//左靖主编，碧山9：米. 北京：中信出版社.

蒋明智，2013. "熊龙"辨：兼谈龙的起源与稻作文明［J］. 黄河文明与可持续发展（1）.

李根蟠，1998. 中国古代农业［M］. 北京：商务印书馆.

李根蟠，卢勋，1987. 中国南方少数民族原始农业形态［M］. 北京：中国农业出版社.

李国栋，2019. 稻作背景下的苗族与日本［M］. 北京：中国社会科学出版社.

李剑农，2006. 中国古代经济史稿［M］. 武汉：武汉大学出版社.

李子贤，胡立耘，2000. 西南少数民族的稻作文化与稻作神话［J］. 楚雄师专学报（1）.

吕厚远，2018. 中国史前农业起源演化研究新方法与新进展［J］. 中国科学（2）.

罗桂环，2018. 中国栽培植物源流考［M］. 广州：广东人民出版社.

牟永抗，2003. 稻作农业与中华文明［M］//陕西省文物局，等. 中国史前考古学研究：祝贺石兴邦先生考古半世纪暨八秩华诞文集.西安：三秦出版社.

潘春见，2018. 稻与家屋：瓯骆与东南亚区域文化研究［M］. 北京：中国社会科学出版社.

裴安平，熊建华，2004. 长江流域的稻作文化［M］.武汉：湖北教育出版社.

任兆胜，李云峰，2003. 稻作与祭仪［M］.昆明：云南人民出版社.

王仁湘，贾笑冰，1998. 中国史前文化［M］.北京：商务印书馆.

希诺考尔，布朗，2008. 中国文明史［M］.袁德良，译.北京：群言出版社.

徐旺生，2013. 农业起源：中纬度地区冰后期贮藏行为的产物［J］.古今农业（3）.

徐旺生，苏天旺，2010. 水稻与中国传统社会晚期的政治、经济、技术与环境［J］.古今农业（4）.

许倬云，2012. 汉代农业［M］.张鸣，等译.南京：江苏人民出版社.

严文明，2000. 农业发生与文明起源［M］.北京：科学出版社.

游汝杰，1980. 从语言地理学和历史语言学试论亚洲栽培稻的起源和传布［J］.中央民族大学学报（3）

游修龄，1995. 中国稻作史［M］.北京：中国农业出版社.

游修龄，2008. 中国农业通史：原始社会卷［M］. 北京：中国农业出版社.

游修龄，曾雄生，2010. 中国稻作文化史［M］. 上海：上海人民出版社.

俞为洁，2012. 中国食料史［M］. 上海：上海古籍出版社.

曾雄生，2014. 中国农业通史：宋辽夏金元卷［M］. 北京：中国农业出版社.

曾雄生，2018. 中国稻史研究［M］. 北京：中国农业出版社.

张芳，王思明，2011. 中国农业科技史［M］. 北京：中国农业科学技术出版社.

赵志军，2009. 栽培稻与稻作农业起源研究的新资料和新进展［J］. 南方文物（3）.

赵志军，2020. 新石器时代植物考古与农业起源研究［J］. 中国农史（3/4）.

　　我是一名稻作文化爱好者，与水稻探秘结缘始于2004年。那年的开心事莫过于整个暑假都能跟着我的硕士生导师、人类学家和民俗学家邓启耀教授做田野调查，调查点在滇东的罗平，那一段师生朝夕相处的时光着实令人难忘。记得有一次邓老师提起云南的红谷，言谈中对当地行将消失的这些农家瑰宝充满了惋惜之情，这引发了我的浓厚兴趣。在老师的支持下，我第二天就踏上了寻访红谷的旅程，也开启了我十余年来深入我国民族地区为稻痴狂的历程。每当亲眼见到侗族的糯稻、哈尼族的红稻或是黎族的山栏稻（旱稻），我总是兴奋不已，跋山涉水的劳累立时一扫而光。2013年又是一个值得纪念的年份，这一年我赴郑州参加中华农耕文化研讨会，第一次有幸向仰慕已久的农史学家曾雄生研究员（后成为我的博士生导师）讨教传统糯稻的问题，会后又与曾老师在去北京的列车上聊了一路，自此开始追随他系统地学习稻作史。从战国的白稻、西晋的蝉鸣稻再到唐代的红莲稻，让我又见识了一片广阔的新天地。兼有地域的广度和历史的厚度，以往实地观察到的许多现象得以和古代文献记载相互补充、相互印证，研究农业文化遗产以来心生的多团疑云也次第消散，不过换视角后先前一些不

成问题的现在倒成了问题,又促使我开始新的思考。这就是
"水稻的故事"背后的故事。

接到本册的写作任务后,我是又欣喜又忐忑。高兴的是
多年来自己对水稻及其文化的一些思考能够公之于世,以达
抛砖引玉之效;另一方面又不免心怯,稻作文化何其博大精
深,中华文明何其灿烂辉煌!自己所做之事不正如拿着小斗
去量海水吗?尚未动笔已先浮想起学力不逮、挂一漏万和无
章堆砌的狼狈相(无奈皆已成为事实)。然而,一想起万年
来稻米养育吾族吾民的浩荡恩情,内心又涌起一股勇气。东
晋司马昱不识田稻,尚能反思"宁有赖其末而不识其本",
我们天天都吃米饭,知道它如阳光、空气般不可或缺,还误
以为它亦如阳光、空气般唾手可得。可有多少人了解水稻的
来历,又有多少人品味到稻文化的奥妙?该领域的科普读物
的确不多。我很乐意成为一名导赏员,让读者能够从文明发
展的进程中重新认识我们的主食,并进一步揭示中国之所以
成为中国背后的水稻元素。为此,本学匠不才,敢竭鄙诚,
向同胞们讲述我所知道的有关水稻的故事。

我是怀着敬畏之心来写这本书的。即使不是将水稻奉若
神明,那也是将其视为一位饱经沧桑又满腹诗书的朋友。
我试图保持敏锐、虚心和耐心,聆听她发出的每一个细微声
音,捕捉她留下的每一个隐秘信号。为了避免对每餐必食的
稻米熟视无睹,我有意识地尝试进行陌生化处理,不停地警
醒自己不要用今人的理解去揣度古人,不要用知识分子的天

真去想象农人，不要用本专业的框架去硬套其他专业。我恨不得能穿越不同的时空，营造出一种代入感，尽量去理解一位古人、稻农或食客所面临的现实处境。同时，我也怀着开放之心。稻作文化这样宏大的课题绝非三两位学人能吞剥消化得了的，必须依靠自然科学、人文社会科学联合攻关。我只能力争超越自己专业的局限，积极吸收多学科的研究成果，乃至接近眼中"只存问题，再无学科"的境界。我这么说不代表已经做到了，但那确实是我的追求目标，正所谓"虽不能至，然心向往之"。

付梓之际，首先要拜谢上述两位恩师，是他们引领我走上了稻作文化研究之路；紧接着要感谢丛书主编王加华教授的信任和同门师兄杜新豪博士的推荐，是他们给我增添了写好这本书的宝贵信心；要感谢农业史专家李根蟠研究员、徐旺生研究员、王星光教授和倪根金教授，生物学史专家罗桂环研究员，稻作考古学家向安强教授和郭立新教授，民族学家易华研究员，稻作学家刘永柱博士等多位学者的当面赐教；要感谢众多参考文献著者的书面启迪；要感谢有高度有情怀的泰山出版社领导，弘扬祖国粮食文化是一大功德；特别要感谢程强主任、武良成老师等多位编辑同志，他们认真尽责、加班加点、精益求精的工作态度给我留下了深刻印象；要感谢接受采访的各族群众，还有图书馆、档案馆的多位老师，他们给予了我热心而无私的帮助；最后的感谢要留给我亲爱的家人，赶稿的日子里他们担待了太多。

"善阅者智，好读者慧。"我在此恳请读者朋友能指出拙作中的错漏之处，能借此以砖易玉实为一件求之不得的幸事。需要解释的是，本书引用的学术观点多为目前看来较有说服力的一家之言，说不定其中哪个学说很快会被证伪；也许用不了两三年，新的考古发现或生物工程技术进展就会令本书的相关内容黯然失色；另外，第六章提及了不少传统民俗（其中有些几近消失），若从科学的角度看，有些显然是非理性的迷信，个别的甚至是陋习。若从人文的角度看，又具有一定的社会功能和文化意义，绕开它们则无以深入理解稻作文化。这一点还请朋友们阅读时注意鉴别。"稻里乾坤大，穗上日月长。"亲爱的读者们，期盼这本小册子能激发诸位对稻作文化的兴趣，或者引起对水稻与文明间关系的思索。若果如是，则是作者的大幸。

王宇丰

于广州华南农业大学17号楼

2021年5月31日